国家林业和草原局"十三五"规划教材

CHINA

高等农林院校普通高等教育林学类系列教材

森林培育学实验实习指导

马长明　牟洪香　主　编

刘炳响　李红姣　副主编

中国林业出版社

CFPH China Forestry Publishing House

图书在版编目(CIP)数据

森林培育学实验实习指导/马长明，牟洪香主编. —北京：中国林业出版社，2022. 8

高等农林院校普通高等教育林学类系列教材

ISBN 978-7-5219-1733-8

Ⅰ. ①森… Ⅱ. ①马… ②牟… Ⅲ. ①森林抚育-实验-高等学校-教学 ②森林抚育-实习-高等学校-教材 Ⅳ. ①S753-33 ②S753-45

中国版本图书馆 CIP 数据核字(2022)第 106056 号

中国林业出版社教育分社

策划、责任编辑：肖基浒

电　　话：(010)83143555　　　**传　　真：**(010)83143516

出版发行 中国林业出版社(100009 北京市西城区刘海胡同 7 号)
E-mail:jiaocaipublic@163. com 电话：(010)83143500
http：//www. forestry. gov. cn/lycb. html

经　　销 新华书店

印　　刷 北京中科印刷有限公司

版　　次 2022 年 8 月第 1 版

印　　次 2022 年 8 月第 1 次印刷

开　　本 850mm×1168mm 1/16

印　　张 8. 5

字　　数 206 千字

定　　价 30. 00 元

《森林培育学实验实习指导》编写人员

主　　编　马长明　牟洪香

副 主 编　刘炳响　李红姣

编写人员（按姓氏拼音排序）

陈义兰（保定市自然资源和规划局）

郭延朋（河北省木兰围场国有林场）

郭宾良（保定市自然资源和规划局）

李红姣（河北农业大学）

刘炳响（河北农业大学）

马长明（河北农业大学）

牟洪香（河北农业大学）

前　言

森林培育是从林木种子生产、苗木培育、森林营造、森林抚育到主伐利用更新整个培育过程中，按照既定培育目标和自然规律所进行的培育活动。森林培育学是研究森林培育理论和技术的学科，是高等农林院校林学专业的必修核心课程之一，该课程具有很强的实践应用性。

为贯彻《国家教育中长期发展规划》《关于全面提高高等教育质量的若干意见》等具体要求，培养新农科、新林科人才，在教学过程中应突出学科特点、加强实践能力培养，着力培养学生的实践技能和创新应用能力，以适应社会发展对人才培养的新需求。编者根据"森林培育学"课程的教学体系，依据《森林培育学》(第3版)教材的主要内容，结合多年来在林业行业的相关教学实践经验，编写了这本《森林培育学实验实习指导》。本指导书编写时突出"务实、技能、高效"的实践能力培养主线，以社会需求为目标，对标林学类教学质量国家标准，以生产实践工艺流程安排实验实习内容，对于提高和规范林学专业森林培育实践教学具有重要意义。

全书内容分为林木种子、苗木培育、森林营造、森林经营4篇，具体编写分工如下：第一篇和第二篇实习一至实习四由牟洪香执笔；第二篇实习五由陈义兰执笔，实习六由郭斌良执笔；第三篇实习一至实习六由马长明执笔；实习七、实习八由刘炳响执笔；第四篇实习一至实习四由李红姣执笔；实习五、实习六由郭延朋执笔。

指导书的编写得到中国林业出版社、河北农业大学林学院领导的支持和帮助，在此表示感谢！由于编者水平有限，书中难免存在不足之处，恳请批评指正！

编　者

2021年9月

目　录

第四篇　森林经营

第一篇　林木种子

实验一　林木种实识别

一、目的与意义

通过对部分北方常见林木种子的外部形态和解剖特征的观察，了解种子外部形态和内部构造，培养学生对林木种子的鉴别能力，为林木种子质量检验与经营奠定基础。

二、材料与工具

(一)材料

北方主要乔灌木种子25~30种，准备10盘上述树木种子混合盘。

(二)工具

玻璃板、直尺、镊子、刀片、解剖针、放大镜、游标卡尺以及方格纸等。

三、内容与方法

(一)种子外部形态观察

1. 种实形状

根据种子外形差异，对种子进行性状描述并记录。如球形、三角状卵形、圆形、扁平、三棱状、椭圆形等。

2. 种实大小

取一定数量具有代表性的种子，用游标卡尺、直尺或方格纸测量每粒种子长度、宽度和厚度，以毫米表示，填表记录。

3. 种子的类型

依据种子千粒重大小按照下列标准对种子进行类型划分：

①特大粒种子：≥2000 g，如核桃、板栗等。

②大粒种子：600~1999 g，如麻栎、山杏、银杏等。

③中粒种子：60~599 g，如红松、华山松、栾树、乌桕、沙枣等。

④小粒种子：1.5~59.9 g，如油松、华北落叶松、侧柏、沙棘、刺槐等。

⑤特小粒种子：<1.5 g，如杨、柳、桦、桑、泡桐等。

4. 种子附属物

指种子表面是否被有茸毛、刺、钩、蜡质、角质层、种翅等。尤其要对种翅的大小、形状、颜色、质地、翅脉有无及其分布特点进行仔细观察。

5. 种皮的颜色、质地、光滑度

种实表皮的颜色，例如：黑色、黑褐色、黄色、黄褐色、棕色、乳黄色、乳白色、铜绿色等，有无光泽，同一树种有几种不同颜色(如色泽浓淡等)均要记载。种子质地可分为木质、纸质、革质或膜质等。种子光滑度可用光滑、粗糙、有皱纹、有毛、有斑纹等表示。

6. 其他特征

是否具有种脐、珠孔；嗅其气味香臭，有无其他特殊气味等。

(二)种子解剖结构观察

用解剖刀将种实解剖，用放大镜观察和记载以下内容：

1. 种皮

种皮是包围在胚和胚乳外部的保护组织。不同树木的种子，种皮的层次结构不同，分为外种皮、中种皮、内种皮以及假种皮等，对上述种皮结构观察并记录。

2. 胚

由胚根、胚轴、胚芽以及子叶组成。观察并记录胚的位置(中部、侧方或全部)，有无子叶，子叶数量等。

3. 胚乳

观察是否有胚乳，并记录其颜色及主要成分(淀粉、脂肪、蛋白质)。

四、作业与考核

(一)考核方式

种实识别考核方式包括过程考核和结果考核两部分。其中，过程考核占30%；结果考核占70%。

(二)考核成果

每人提交一份实验报告，实验报告中要写出混合盘中林木种实的名称，并详细描述其形态特征，选取其中5个树种的种子进行解剖、观察，并进行解剖结构描述，填写林木种子特征识别表1.1.1。

(三)成绩评定

根据学生的学习态度及纪律评定其过程考核成绩；根据实验报告评定其结果考核成绩。通过综合评分划分为优秀(85~100)、良好(70~84)、合格(60~69)、不合格(<60)四个级别。

表1.1.1　林木种子特征识别表

序号	名称	形状	大小/mm			种子类型	光泽	气味	附属物	其他特征(颜色、质地等)	解剖特征		
			长	宽	厚						种皮	胚	胚乳

（续）

序号	名称	形状	大小/mm			种子类型	光泽	气味	附属物	其他特征（颜色、质地等）	解剖特征		
			长	宽	厚						种皮	胚	胚乳

实验二　种子抽样

一、目的与意义

种子质量检验应从被检验的种子中抽取具有代表性的样品，通过对样品的检验来评定种子的质量，故样品为鉴定种子质量的基本材料。抽样是林木种子质量检验的基础，抽样必须按照一定程序，使之能真实地代表该批种子。如果抽取的样品不具有充分的代表性，无论检验工作如何细致准确，其结果也不能说明整批种子。本实验的主要目的就是让学生学会种子抽样的方法，使抽取的样品具有最大的代表性。

二、材料与工具

(一)材料

林木种子(散装、袋装种子各1批)。

(二)工具

分样板、取样匙、小簸箕、布袋、棕刷、标签、天平、台秤、钟鼎式分样器、扦样器。

三、内容与方法

(一)概念

1. 种批

具备下列条件的同一树种且经初步观察外部形态一致的种子，称为一个种批。

①产地条件相同。

②采种林龄、树龄大致相同。

③采种时间大致相同。

④种子的加工和贮存方法相同。

⑤数量不超过下列限额：

特大粒种子：10 000 kg，如核桃、板栗等；

大粒种子：5000 kg，如麻栎、山杏、银杏等；

中粒种子：3500 kg，如红松、华山松、栾树、乌桕、沙枣等；

小粒种子：1000 kg，如油松、华北落叶松、侧柏、沙棘、刺槐等；

特小粒种子：250 kg，如杨、柳、桦、桑、泡桐等。

如超过限额应另划种批，但在种子集中产区可适当加大种批限额。

种子采收单位应按种批填写种子采收登记表(表1.2.1)。

表 1.2.1 种子采收登记表

<table>
<tr><td colspan="2">树种名称</td><td></td><td>采收方式</td><td>自采、收购</td></tr>
<tr><td colspan="2">采种地点</td><td colspan="3"></td></tr>
<tr><td colspan="2">采种时间</td><td></td><td>本批种子重量/kg</td><td></td></tr>
<tr><td rowspan="3">采种林地情况</td><td>林分类别*</td><td colspan="3">一般林分{天然林 人工林}　优良林分{天然林 人工林}
散生树　母树林　种子园</td></tr>
<tr><td>林龄、树龄/a</td><td></td><td>坡向</td><td></td></tr>
<tr><td>海拔高度/m</td><td></td><td>坡度/°</td><td></td></tr>
<tr><td rowspan="3">加工方法</td><td>方法</td><td colspan="3"></td></tr>
<tr><td rowspan="2">时间</td><td rowspan="2">自至</td><td>出种、果率/%</td><td></td></tr>
<tr><td>容器、件数</td><td></td></tr>
<tr><td>备注</td><td colspan="4"></td></tr>
</table>

* 在应填写的相应小项目上划圈表示。

种子采取单位(盖章)

登记人　　　　年　月　日

2. 初次样品

从一个种批的不同部位或不同容器中分别抽样时，每次抽取的种子，称为一个初次样品。

3. 混合样品

从一个种批中取出的全部初次样品，均匀地混合在一起，称为混合样品。通常混合样品不应小于送检样品的 10 倍，以便再从中抽取送检样品。

4. 送检样品

按规定的方法和数量从混合样品中抽取的供作检验用的种子，称为送检样品。送检样品可以是整个混合样品，也可以是从中随机抽取的一部分，但数量不得少于表 1.2.2 规定的数量。

表 1.2.2 送检样品、净度测度样品最小数量表

树 种	送检样品重	含水量送检品重	树 种	送检样品重	含水量送检品重
沙 松	250 g	50 g	板 栗	300 粒	120 粒
兴安落叶松、长白落叶松	35 g	30 g	栎属、文冠果	500 粒	120 粒
华北落叶松	60 g	30 g	核 桃	300 粒	80 粒
红皮云杉	60 g	30 g	水曲柳	400 g	50 g
红 松	1200 g	100 g	刺槐、锦鸡儿	200 g	50 g
樟子松、胡枝子	60 g	30 g	黄波罗、紫穗槐	85 g	30 g
油 松	250 g	50 g	杨 属	6 g	30 g
黑 松	85 g	30 g	椴 属	850 g	100 g
沙 枣	800 g	50 g	白 榆	60 g	30 g

供测定含水量的送检样品应直接从混合样品中抽取，然后密封保存。其最低量为：一般种子 50 g；种粒大和种皮厚的 100 g(但不得少于 80~150 粒)，特小粒种子 10 g。

5. 测定样品

从送检样品中，分取一部分作某项质量测定用的种子称为测定样品。注意：含水量送检样品应装入防潮密封的容器内。

(二)抽样的方法

1. 抽样的原则

①抽样要受过抽样训练，由有经验的人员担任，按规定的程序和方法抽样。

②抽样人员在抽样前应查看采种登记表和有关堆装及混合的情况。所有容器都必须具备标签标记种批号。种批各容器或各部分的排列应便于抽样。

③抽样时，应当确有证据证明该种批已经充分混拌均匀。如果种批很不均匀，抽样人员应重新混合均匀后再行抽样。

④初次样品混合前，要检查每个初次样品的种子真实性，检验在混合程度、含水量、颜色、光泽、气味以及其他品质方面是否一致。如果初次样品间没有很大差别，可以认为该批种子是均匀一致的，可混合成混合样品。

⑤混合样品的大小取决于种批量大小，批量越大，混合样品也越大。

⑥送检样品可利用四分法或分样器法将混合样品缩减至适当的大小即得到送检样品；如混合样品的大小已适当，则不必缩减，直接作为送检样品。

⑦一个种批抽取 1 个送检样品，并填写检验申请表(表 1.2.3)。

表 1.2.3　检验申请表

<table>
<tr><td>树种名称</td><td colspan="2"></td><td>采种地点</td><td colspan="2"></td></tr>
<tr><td>采种时间</td><td></td><td>本种批重量/g</td><td></td><td>送检样品重量/g</td><td></td></tr>
<tr><td colspan="2">种子采收登记表编号</td><td></td><td colspan="2">要求检验项目</td><td></td></tr>
<tr><td colspan="2">种子质量检验证寄往</td><td colspan="4">地　址：
单　位：</td></tr>
<tr><td colspan="6">送检单位(盖章)</td></tr>
<tr><td colspan="4">抽样人(签字)</td><td colspan="2">年　　月　　日</td></tr>
</table>

2. 抽样强度

①袋装(或大小一致、容量相近的其他容器盛装)的种批，下列抽样强度应视为最低要求：

5 袋以下：每袋都抽且至少抽取 5 个初次样品；

6~30 袋：抽 5 袋，或每 3 袋抽取 1 袋，这两种抽样强度中以数量最大的一个为准；

31~400 袋：抽 10 袋，或每 5 袋抽取 1 袋，这两种抽样强度中以数量最大的一个为准；

401袋以上：抽80袋，或每7袋抽取1袋，这两种抽样强度中以数量最大的一个为准。

②从其他类型的容器，或者从倾卸入容器时的流动种子中抽取样品时，下列抽样强度应视为最低要求：

500 kg以下：至少5个初次样品；

501~3000 kg：每300 kg抽取1个初次样品，但不少于5个初次样品；

3001~20 000 kg：每500 kg抽取1个初次样品，但不少于10个初次样品；

20 000 kg以上：每700 kg抽取1个初次样品，但不少于40个初次样品。

3. 送检样品的数量要求

①净度测定样品一般至少应含2500粒纯净种子，送检的样品量至少应为净度测定样品的2~3倍，大粒种子重至少应为1000 g，特大粒种子至少要有500粒。

②种子健康状况测定用的样品至少为送检样品的一半，用于含水量测定的送检样品，应不少于50 g，需要切片的种类为100 g。

③检验机构收到的送检样品少于规定数量时应通知送检单位补送。确因种子价格昂贵，送检样品少于规定数量时，检验机构也可以尽可能完成检验，但应在质量检验证书上注明"送检样品仅××克，不符合规程要求"。

④送检样品要按种批做好标志，防止混杂。

4. 样品的抽取方法

(1)初次样品的抽取

初次样品的抽取方法关系到样品是否具有代表性。遵从随机原则、采用正确的抽样技术，可以减少误差，提高样品的代表性。

从每个取样的容器中，或从容器的各个部位，或从散装大堆的各个部位扦取初次样品，但不一定要求每袋都抽取一个以上部位。若种子是散装或在大型容器里，应随机从各个部位及深度扦取初次样品。

(2)混合样品的取得

如果初次样品外观一致，可将其混合成混合样品。

(3)送检样品的取得

用四分法或分样器法，将混合样品缩减至适当数量而取得样品。

(4)测定样品的取得

对送检样品来说，测定样品有最大的代表性。测定样品的数量应多于规定数量，可用以下2种方法将送检样品充分混合并反复对半分取所得。

①四分法：将种子均匀地倒在光滑清洁的桌面上，略成正方形。两手各拿一块分样板，从两侧略微提高，把种子拨到中间，使种子堆成长方形，再将长方形两端的种子拨到中央，这样重复3~4次，使种子混拌均匀。将混拌均匀的种子铺成正方形，大粒种子厚度不超过10 cm，中粒种子厚度不超过5 cm，小粒种子厚度不超过3 cm。用分样板沿对角线把种子分成4个三角形，将对顶的2个三角形的种子装入容器中备用，取余下的2个对顶三角形的种子再次混合，按此法继续分取，直至取得略多于测定样品所需数量为止(图1.2.1)。

第一步

第二步

第三步

图 1.2.1　四分法示意

图 1.2.2　分样器

②分样器法：适用于种粒小、流动性大的种子。分样前，先将送检样品通过分样器（图 1.2.2），使种子分成重量大约相等的 2 份。2 份种子重量相差不超过 2 份种子平均重的 5%时，可以认为分样是正确的，可以使用；如两份种子平均重误差超过 5%，应调整分样器。

分样时先将送检样品通过分样器 3 次，使种子充分混合后再分取样品，取其中的 1 份继续用分样器分取，直到种子缩减至略多于测定样品的需要量为止。

5. 样品保存

种子检验机构收到送检样品后，要按表 1.2.4 登记，并立即进行检验。短时间内不能检验的样品应存放在凉爽、通风良好的室内或冰箱中，使种子品质的变化降到最低限度。检验机构对保存的送检样品发生劣变不承担责任。高含水量的种子难以妥善贮藏，应尽快检验。

为了便于复验，送检样品应自发证之日起要保存在适宜条件下 4 个月，使种子品质的变化降至最低限度。低含水量的种子样品放入密封的塑料袋中，在 3~5 ℃下可以保存很长时间不会变化。供测定含水量和测定种子健康状况的送检样品，检验后不必保存。

表 1.2.4　送检样品登记表　　第　号

1. 树种名称：	检验结果
2. 收到日期：　年　月　日	1. 净度：　%
3. 送检样品重量：　g	2. 千粒重：　g
4. 本种批重量：　kg	3. 发芽率：　%
5. 种子采收登记表编号：	4. 发芽势：　%
6. 送检申请表编号：	5. 生活力：　%
7. 要求检验项目：	6. 优良度：　%
8. 种子质量检验证寄往	7. 含水量：　%
地址：	8. 病虫害感染程度：
单位：	
登记人：	检验员：
年　月　日	年　月　日

6. 样品发送

送检样品用木箱、布袋等容器密封包装。种翅易脱落的种子，需用木箱等硬质容器盛装，以免因种翅脱落增加其他植物种子的比例。供含水量测定的和经过干燥含水量很低的送检样品，要装在可以密封的防潮容器内，并尽量排出其中空气。种子健康状况测定用的送检样品，应装在玻璃瓶或塑料瓶内。送检样品必须填写 2 份标签，注明树种、检验申请表编号和种批号，1 份放入袋内，1 份挂在袋外。送检样品要尽快连同检验申请表寄送种子检验机构。

四、作业与考核

(一) 考核方式

种子抽样的考核方式为过程考核和结果考核两部分。其中，过程考核占 30%，结果考核占 70%。

(二) 考核成果

每人提交一份实验报告。实验报告中要陈述相关概念，并要写出抽样过程中的操作要点。

(三) 成绩评定

根据学生的学习态度及纪律评定其过程考核成绩；根据实验报告评定其结果考核成绩。通过综合评分分为优秀(85～100)、良好(70～84)、合格(60～69)、不合格(<60)四个级别。

实验三　种子净度测定

一、目的与意义

净度是种子质量的重要指标之一，也是种子分级的主要指标之一。种子中的夹杂物吸湿性强，容易引起种子的霉变，因此种子净度高低能够影响种子贮藏的稳定性。此外，种子净度也是估算种子播种量的重要依据。通过本次实验，学生要测定出供检样品中纯净种子、其他植物种子以及夹杂物的重量百分率，据此推断出种批的组成。

二、材料与工具

(一)材料

送检样品。

(二)工具

天平(精度 0.01 g、0.001 g)、玻璃板、分样板、镊子、药匙、小刷、烧杯等。

三、内容与方法

(一)概念

1. 净度

测定样品中纯净种子重量占测定后样品各成分重量总和的百分数。

2. 纯净种子

①送检者陈述的种或分析中发现的主要种(包括该种的变种和栽培品种)的种子，是完整的、没有受伤害的、发育正常的种子；发育不完全的种子和不能识别出的空粒；虽已绽口或发芽，但仍具发芽能力的种子。

②带翅的种子中，凡加工时种翅容易脱落的，其纯净种子是指除去种翅的种子；凡加工时种翅不易脱落的，则不必除去，其纯净种子包括留在种子上的种翅。

③壳斗科的纯净种子是否包括壳斗，取决于各个种的具体情况：壳斗容易脱落的不包括壳斗；难于脱落的包括壳斗。

④复粒种子中至少含有 1 粒种子的。

3. 其他植物种子

分类学上与纯净种子不同的其他植物种子。

4. 夹杂物

①能明显识别的空粒、腐坏粒、已萌芽且丧失发芽能力的种子。

②严重损伤(超过原大小一半)的种子和无种皮的裸粒种子。

③叶片、鳞片、苞片、果皮、种翅、壳斗、种子碎片、土块和其他杂质。

④昆虫的卵块、成虫、幼虫和蛹。

(二)测定方法

1. 测定样品的抽取

从送检样品中按四分法选取测定样品。选取量见表 1.3.1。

表 1.3.1 净度测定样品最小数量表

树 种	净度测定样品重	树 种	净度测定样品重
沙 松	150 g	板 栗	300 粒
兴安落叶松、长白落叶松	15 g	栎属、文冠果	500 粒
华北落叶松	15 g	核 桃	300 粒
红皮云杉	25 g	水曲柳	200 g
红 松	1000 g	刺槐、锦鸡儿	100 g
樟子松、胡枝子	25 g	黄波罗、紫穗槐	50 g
油 松	100 g	杨 属	—
黑 松	50 g	椴 属	350 g
沙 枣	200 g	白 榆	35 g

2. 称重

称量的精度与样品重量有关，按下列规定用相应的天平称量测定样品：

①样品重量 10 g 以下：精度为 0.001 g。

②样品重量 10~99.99 g：精度为 0.01 g。

③样品重量 100~999.9 g：精度为 0.1 g。

④样品重量 1000 g 以上：精度为 1 g。

3. 分析测定样品

将样品倒在玻璃板上，区分出纯净种子、废种子和夹杂物 3 类，并分别称重，称量精度同上。

4. 测定样品误差分析

对原测定样品的重量与净度测定后纯净种子、废种子以及夹杂物总重量的差值进行分析，两者的差值不超过表 1.3.2 的规定时，即可计算净度，否则需要重做。

表 1.3.2 净度测定容许误差范围

测定样品重/g	容许误差不大于/g	测定样品重/g	容许误差不大于/g
<5	0.02	101~150	0.50
5~10	0.05	151~200	1.00
11~50	0.10	>200	1.50
51~100	0.20		

5. 净度计算

$$净度(\%)=\frac{纯净种子重(g)}{纯净种子重(g)+废种子重(g)+夹杂物重(g)}\times 100$$

6. 复检或仲裁检验

进行复检或仲裁检验时，为了判断两次测定是否在容许误差内，可计算两次测定的平均数。如果两次测定的平均数的误差不超过表 1. 3. 3 规定，则两次测定结果是符合容许误差要求的。

表 1. 3. 3　两次测定结果

两次测定的平均数		允许误差/%	两次测定的平均数		允许误差/%
99. 95～100. 00	0. 00～0. 04	0. 16	96. 50～96. 99	3. 00～3. 49	1. 33
99. 90～99. 94	0. 05～0. 09	0. 24	96. 00～96. 49	3. 50～3. 99	1. 41
99. 85～99. 89	0. 10～0. 14	0. 30	95. 50～95. 99	4. 00～4. 49	1. 50
99. 80～99. 84	0. 15～0. 19	0. 35	95. 00～95. 49	4. 50～4. 99	1. 57
99. 75～99. 79	0. 20～0. 24	0. 39	94. 00～94. 99	5. 00～5. 99	1. 68
99. 70～99. 74	0. 25～0. 29	0. 42	93. 00～93. 99	6. 00～6. 99	1. 81
99. 65～99. 69	0. 30～0. 34	0. 46	92. 00～92. 99	7. 00～7. 99	1. 93
99. 60～99. 64	0. 35～0. 39	0. 49	91. 00～91. 99	8. 00～8. 99	2. 05
99. 55～99. 59	0. 40～0. 44	0. 52	90. 00～90. 99	9. 00～9. 99	2. 15
99. 50～99. 54	0. 45～0. 49	0. 54	88. 00～89. 99	10. 00～11. 99	2. 30
99. 40～99. 49	0. 50～0. 59	0. 58	86. 00～87. 99	12. 00～13. 99	2. 47
99. 30～99. 39	0. 60～0. 69	0. 63	84. 00～85. 99	14. 00～15. 99	2. 62
99. 20～99. 29	0. 70～0. 79	0. 67	82. 00～83. 99	16. 00～17. 99	2. 76
99. 10～99. 19	0. 80～0. 89	0. 71	80. 00～81. 99	18. 00～19. 99	2. 88
99. 00～99. 09	0. 90～0. 99	0. 75	78. 00～79. 99	20. 00～21. 99	2. 99
98. 75～98. 99	1. 00～1. 24	0. 81	76. 00～77. 99	22. 00～23. 99	3. 09
98. 50～98. 74	1. 25～1. 49	0. 89	74. 00～75. 99	24. 00～25. 99	3. 18
98. 25～98. 49	1. 50～1. 74	0. 97	72. 00～73. 99	26. 00～27. 99	3. 26
98. 00～98. 24	1. 75～1. 99	1. 04	70. 00～71. 99	28. 00～29. 99	3. 33
97. 75～97. 99	2. 00～2. 24	1. 09	65. 00～69. 99	30. 00～34. 99	3. 44
97. 50～97. 74	2. 25～2. 49	1. 15	60. 00～64. 99	35. 00～39. 99	3. 55
97. 25～97. 49	2. 50～2. 74	1. 20	50. 00～59. 99	40. 00～49. 99	3. 65
97. 00～97. 24	2. 75～2. 99	1. 26			

7. 填写净度记录表

计算结束后，将纯净种子装入洁净的玻璃瓶中备用，并填写净度测定记录于表 1. 3. 4。计算至小数点后 1 位，以下四舍五入。

表 1.3.4　净度测定记录表

树种：　　　　　　　　　　　　　　　　　样品号

测定样品重/g			
纯净种子/g			净度/%
夹杂物/g	合　计		%
	虫卵块		%
	成　虫		%
	幼　虫		%
	蛹		%
	其他夹杂物		%
总　重			g
误　差			g
备　注			

检验员：　　　　　　　　　　　　　　　　　年　　月　　日

四、作业与考核

(一) 考核方式

净度考核方式包括过程考核和结果考核两部分。其中，过程考核占 30%，结果考核占 70%。

(二) 考核成果

每人提交一份实验报告。实验报告中要写出净度计算过程，并进行误差分析，填写净度测定记录表 1.3.4。

(三) 成绩评定

根据学生的学习态度及纪律评定其过程考核成绩；根据实验报告评定其结果考核成绩。通过综合评分分为优秀(85~100)、良好(70~84)、合格(60~69)、不合格(<60)四个级别。

实验四　种子千粒重测定

一、目的与意义

种子千粒重是气干状态下一千粒纯净种子的重量，单位为克。千粒重是衡量种子播种品种的重要指标之一，能反映种子的大小及饱满度，也是估算播种量的重要依据。千粒重数值越大，说明种子越饱满，发育情况好，养分贮藏充分，越有利于种子发芽。本实验主要目的是让学生了解种子千粒重的意义，掌握种子千粒重的测定方法。

二、材料与工具

(一)材料

林木纯净种子。

(二)工具

天平(精度 0.001 g)、药匙、直尺、小刷、烧杯、玻璃板等。

三、内容与方法

(一)百粒法

多数林木种子均应用此法测定。把经净度测定所得的纯净种子倒在桌子上或玻璃板上，随机数取种子，每 100 粒为一组，共 8 组(即 8 个重复)，然后分别称取重量。称量精度要求与净度测定的规定相同。

按公式计算标准差 S 及变异系数 CV：

$$S = \sqrt{\frac{n\left(\sum_{i=1}^{n} x_i^2\right) - \left(\sum_{i=1}^{n} x_i\right)^2}{n(n-1)}}$$

式中　S——标准差；

x_i——各组重量(g)；

n——重复次数。

$$CV = \frac{S}{\bar{x}} \times 100$$

式中　CV——变异系数；

S——标准差；

$\bar{x}$——100 粒种子的平均重量。

一般种子的变异系数不超过4.0%，种粒大小悬殊的种子，变异系数不超过6.0%，即可按8个重复的平均数计算千粒重，否则需重做。如重做后仍超过规定变异系数，可计算16个重复的平均数，凡与平均数之差超过2倍标准差的各重复略去不计，千粒重则为10倍的平均百粒重，把结果填入种子千粒重测定记录表1.4.1。

表1.4.1　种子千粒重测定记录表(百粒法)

树种：　　　　　　　　　　　　　　　　　　　　　　　　　　样品号：

<table>
<tr><td>组　号</td><td>1</td><td>2</td><td>3</td><td>4</td><td>5</td><td>6</td><td>7</td><td>8</td><td>9</td><td>10</td><td>11</td><td>12</td><td>13</td><td>14</td><td>15</td><td>16</td></tr>
<tr><td>百粒重/g</td><td></td><td></td><td></td><td></td><td></td><td></td><td></td><td></td><td></td><td></td><td></td><td></td><td></td><td></td><td></td><td></td></tr>
<tr><td>x^2</td><td></td><td></td><td></td><td></td><td></td><td></td><td></td><td></td><td></td><td></td><td></td><td></td><td></td><td></td><td></td><td></td></tr>
<tr><td>$\sum_{i=1}^{16} x_i^2$</td><td colspan="8"></td><td colspan="8" rowspan="8">第______组超过了容许误差，本次测定根据第______________组计算</td></tr>
<tr><td>$\sum_{i=1}^{16} x_i$</td><td colspan="8"></td></tr>
<tr><td>$(\sum_{i=1}^{16} x_i)^2$</td><td colspan="8"></td></tr>
<tr><td>标准差 S</td><td colspan="8"></td></tr>
<tr><td>$\bar{x}$</td><td colspan="8"></td></tr>
<tr><td>变异系数 CV</td><td colspan="8"></td></tr>
<tr><td>千粒重($\bar{x}$×10)/g</td><td colspan="8"></td></tr>
</table>

检验员：　　　　　　　　　　　　　　　　　　　　测定日期：　　　年　月　日

(二)千粒法

对种粒大小和重量极不均匀的种子可采用千粒法。具体做法如下：

首先，将净度测定后的全部纯净种子用四分法分成4份，从每份中随机取250粒，共1000粒组成一组，共取2组(即2次重复)。千粒重在50 g以上的可采用500粒为一组，千粒重在500 g以上的可采用250粒为一组，仍为2次重复。

其次，将2组重复分别称其重量，并计算平均数。当2组种子重量之差值大于其平均数的5%时，应重新取样测定。如果第2次测定结果仍超过，则计算4组的平均数。

最后，将计算结果填入种子千粒重测定记录表1.4.1。

(三)全量法

凡纯净种子粒数少于1000粒，将其全部种子称重，最后根据重量及粒数，将其换算成千粒重，填写种子千粒重测定记录表1.4.2，并注明测定方法。

表 1.4.2 种子千粒重测定记录表(千粒法、全量法)

树种： 样品号：

测定样品粒数	粒			
重 复	1	2	3	4
样品重/g				
平均重/g				
容许误差/g				
实际误差/g				
千粒重/g				
备 注				

检验员： 测定日期： 年 月 日

(四)计算种子绝对千粒重

种子在气干状态的重量常随种子含水量的大小而变化，为了便于相互比较，有时可以考虑使用种子绝对重量 A，其计算公式如下：

$$A=\frac{(100-C)a}{100}$$

式中 A——千粒纯净种子的绝对重量；

a——气干种子千粒重；

C——纯净种子相对含水量。

四、作业与考核

(一)考核方式

种子千粒重考核方式包括过程考核和结果考核两部分。其中，过程考核占 30%，结果考核占 70%。

(二)考核成果

每人提交一份实验报告。实验报告中要写出种子千粒重计算过程并进行允许误差分析，填写种子千粒重测定记录表 1.4.2。

(三)成绩评定

根据学生的学习态度及纪律评定其过程考核成绩；根据实验报告评定其结果考核成绩。通过综合评分分为优秀(85~100)、良好(70~84)、合格(60~69)、不合格(<60)四个级别。

实验五　种子发芽测定

一、目的与意义

种子发芽能力是衡量种子播种品种最为重要的指标。衡量种子发芽能力的指标主要有种子发芽率、发芽势、平均发芽速率。发芽率是估算播种量、确定种批等级价值的依据，也是决定播种后种子成苗率的主要影响因素；种子发芽势能反映种子出苗的整齐度；平均发芽速率说明种子发芽所需时间的长短。发芽测定即将供检验的种子放在最适于其发芽的条件下来鉴别其发芽能力的强弱，是测定种子生命力的一种精确可靠的方法。通过本实验的学习，让学生掌握种子室内发芽试验的一般原则与方法，学会发芽率、发芽势、平均发芽时间等指标的计算方法。

二、材料与工具

(一) 材料

纯净的林木种子。

(二) 工具

玻璃板、镊子、解剖刀、解剖针、取样匙、培养皿、玻璃钟罩、发芽盘、烧杯、脱脂棉、纱布、滤纸、滴瓶、酒精、福尔马林、高锰酸钾、蒸馏水、记录纸、标签、光照培养箱等。

三、内容与方法

(一) 发芽所需条件

1. 水分

发芽床要保持湿润，但不能使种子四周出现水膜。发芽床用水不应含有杂质，水的pH值应在6.0~7.5，可使用蒸馏水或去离子水。

2. 温度

发芽测定所需温度见表1.5.1。一般采用恒温，温度变化不超过±1 ℃，为发芽种子提供光照时不能使培养箱温度发生波动。

3. 通气

置床的种子要保持通气良好，但不能使发芽床过度失水而影响种子萌发。

4. 光照

除非确已证明某个树种的发芽会受到光抑制，否则发芽测定中每天应给予8 h的光照。施加的光应为不含或极少含有远红光的冷白荧光。提供的光照应均匀一致，使种子表面接受750~1250 Lux的照度。对于变温发芽的树种，是在给予高温的8 h内提供光照。

表 1.5.1　部分树种种子发芽测定技术规定表

树　种	温度/℃	发芽势/d	发芽率/d	备　注
沙　松	20/30	10	28	每天光照 8 h
兴安落叶松	20/30	8	13	每天光照 8 h
长白落叶松	25/30	8	15	
华北落叶松	20/30	6	11	
红皮云杉	25	9	14	每天光照 8 h
樟子松	20/25	5	8	每天光照 8 h
油　松	20/25	8	16	每天光照 8 h
黑　松	25	10	21	
栎　属	20	7	28	取胚方
核　桃	20/30	3	6	取胚方
刺　槐	20/30	5	10	80 ℃水浸种，自然冷却 24 h，剩余硬粒再如上法浸种，每天光照 8 h；用染色法测生活力
黄波罗	20/30	9	30	−5 ℃层积 30 d；或用染色法测生活力
杨　属	20/30	3	6	重量发芽法
白　榆	20	4	7	
紫穗槐	25	7	15	始温 80 ℃水浸种 24 h；去掉果皮
锦鸡儿	25	7	14	始温 70 ℃水浸种 24 h
胡枝子	20/35	5	10	去掉果皮；浓硫酸浸种 30 min 后清水反复冲洗

(二)方法步骤

1. 测定样品的提取

发芽测定所需的样品从净度测定后的纯净种子中提取。将种子放在玻璃板上，用四分法将其分为 4 份，从每组中随机提取 25 粒，组成 100 粒为一组。共取 4 个 100 粒，分为 4 组(即 4 次重复，为防止丢失，每组可稍多一二粒)。种粒大的可以 50 粒或 25 粒为 1 个重复。特小种子采用重量发芽法，以 0.1~0.15 g 为 1 个重复，称量净度精确至毫克。

2. 灭菌消毒

试验用具如发芽器、纱布、小镊子等可煮沸消毒或用酒精擦洗消毒。恒温箱或光照培养箱用 70%酒精进行消毒。种子消毒可用福尔马林、高锰酸钾、过氧化氢等溶液。

3. 浸种

油松、樟子松、侧柏、落叶松、胡枝子、云杉等用始温为 45 ℃的水浸泡 24 h；杨、柳等不必浸种。浸种水温因树种而异。发芽困难的树种可采用预处理法，如皂荚用 100 ℃水浸 15 s 后立即转入 70 ℃水，在自然冷却过程中浸 24 h；刺槐浸入 70 ℃水中，在自然冷却过程中浸 24 h。

4. 置床

在培养皿上铺上滤纸或纱布，即为发芽床，将经过灭菌、浸种的种子分组放置在 4 个发芽床上。每个发芽床放置 100 粒种子(大粒种子可为 50 粒乃至 25 粒)，种子摆放整齐有序，

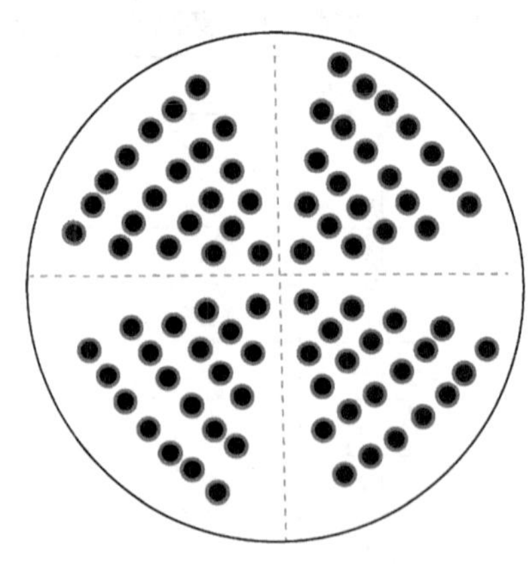

图 1.5.1 种子置床

种子间要留有空隙，以减少霉菌蔓延感染，避免发芽的幼根相互纠缠，可参考图 1.5.1。

摆好后，贴好标签，写明样品登记表的编号、重复组号、分析人、日期等。放入恒温箱或培养箱，保持适当的温度。根据树种特性需要变温的，应保持每昼夜高温 8 h，低温 16 h，温度的变换应在 3 h 内逐渐完成。

5. 管理

根据不同树种需要，将培养箱或恒温箱调至合适的温度，并保持恒定，温度变化相差不超过±1 ℃。及时补充发芽床上的水分，并注意通气。轻微发霉的种子，可拣出用清水冲洗，冲洗后仍放回发芽床。发霉粒较多时，应及时更换发芽床和发芽器皿，并将发霉情况及时记入发芽记录表中。

6. 观察记载观察

定期观察，并根据发芽的情况填写表 1.5.2 种子发芽测定记录表。

(1)记载项目

发芽情况、发霉情况及发芽条件的异常波动等情况。发芽情况分正常发芽粒、腐坏粒和异状发芽粒，其标准如下：

正常发芽粒：特大粒、大粒和中粒种子的幼根长度为该种粒长度的一半以上，小粒和特小粒种子的幼根长度大于该种粒的长度。

异状发芽粒：胚根短而生长迟滞，胚根异常瘦弱，胚根腐坏，胚根出自珠孔以外的部位，胚根呈负向地性，胚根卷曲，子叶先出，双胚联结等。

腐坏粒：内含物腐烂的种粒。

(2)发芽测定持续的时间

发芽测定的天数自置床之日起算。各树种持续天数见表 1.5.1，这个天数不包括种子预处理的时间。如果确认该测定样品的发芽过程已经终结(已达到最高发芽率)，可在规定时间以前结束测定。如到规定的时间仍有较多种粒萌发，可酌情延长测定时间。发芽率和发芽势测定的实际天数，应在表 1.5.2 中填明。

7. 发芽结果的计算

(1)发芽率

在一定的发芽条件下，在规定天数内，正常发芽种子粒数占供测定种子粒数的百分率。

表 1.5.2 种子发芽测定记录表

<table>
<tr><td rowspan="2">树 种</td><td rowspan="2" colspan="5"></td><td rowspan="2" colspan="4">预处理方法</td><td rowspan="2" colspan="9"></td><td rowspan="2" colspan="3">样品编号</td><td rowspan="2" colspan="4"></td><td>温 度</td><td colspan="2"></td></tr>
<tr><td>光 照</td><td colspan="2"></td></tr>
<tr><td rowspan="2">预处理日期</td><td rowspan="2">组号</td><td colspan="13">当日发芽种子粒数/粒</td><td colspan="2">发芽势</td><td colspan="2">发芽率</td><td colspan="7">未发芽种子粒数</td><td rowspan="2">发霉日期及换垫日期</td><td rowspan="2">平均发芽势/%</td><td rowspan="2">平均发芽率/%</td></tr>
<tr><td>1</td><td>2</td><td>3</td><td>4</td><td>5</td><td>6</td><td>7</td><td>8</td><td>9</td><td>10</td><td>…</td><td>…</td><td>50</td><td>天数</td><td>%</td><td>天数</td><td>%</td><td>腐坏</td><td>异状</td><td>新鲜</td><td>空粒</td><td>硬粒</td><td>计</td><td>%</td></tr>
<tr><td></td><td>1</td><td></td><td></td><td></td><td></td><td></td><td></td><td></td><td></td><td></td><td></td><td></td><td></td><td></td><td></td><td></td><td></td><td></td><td></td><td></td><td></td><td></td><td></td><td></td><td></td><td></td><td rowspan="4"></td><td rowspan="4"></td></tr>
<tr><td>置床日期</td><td>2</td><td></td><td></td><td></td><td></td><td></td><td></td><td></td><td></td><td></td><td></td><td></td><td></td><td></td><td></td><td></td><td></td><td></td><td></td><td></td><td></td><td></td><td></td><td></td><td></td><td></td></tr>
<tr><td></td><td>3</td><td></td><td></td><td></td><td></td><td></td><td></td><td></td><td></td><td></td><td></td><td></td><td></td><td></td><td></td><td></td><td></td><td></td><td></td><td></td><td></td><td></td><td></td><td></td><td></td><td></td></tr>
<tr><td>开始发芽日期</td><td>4</td><td></td><td></td><td></td><td></td><td></td><td></td><td></td><td></td><td></td><td></td><td></td><td></td><td></td><td></td><td></td><td></td><td></td><td></td><td></td><td></td><td></td><td></td><td></td><td></td><td></td></tr>
<tr><td></td><td>备注</td><td colspan="27"></td></tr>
</table>

$$发芽率(\%) = n/N \times 100$$

式中　n——正常发芽种子粒数；

N——供测定种子粒数。

发芽率按组计算，保留一位小数，以下四舍五入。然后计算 4 组的算术平均数，组间的允许误差见表 1.5.3，如果各重复的差数未超过允许范围，则试验结果可认为是正确的，即以各组的平均数作为本次测定的平均发芽率，平均数计算保留到整数。

表 1.5.3　发芽率的最大容许误差

（用以决定是否重做测定：只考虑随机取样的变异）

平均发芽百分率/%		最大容许差距/%
99	2	5
98	3	6
97	4	7
96	5	8
95	6	9
93~94	7~8	10
91~92	9~10	11
89~90	11~12	12
87~88	13~14	13
84~86	15~17	14
81~83	18~20	15
78~80	21~23	16
73~77	24~28	17
67~72	29~34	18
56~66	35~45	19
51~55	46~50	20

如果超过允许误差范围，则认为测定结果不正确，需要重新测定。第二次测定一般在第一次测定之后进行，也可以与第一次测定同时进行。计算两次测定的平均数，并按表 1.5.4 检查两次测定是否超过允许差距，如果两次测定间的差距不超过允许误差范围，则以两次测定的平均数作为发芽率填报；如果超出了允许范围，则应再做测定。

表 1.5.4　判断两次测定是否符合的容许误差

（只考虑随机取样的变异）

两次测定的平均发芽百分率/%		最大容许差距/%
98~99	2~3	2
95~97	4~6	3
91~94	7~10	4
85~90	11~16	5
77~84	17~24	6
60~76	25~41	7
51~59	42~50	8

(2)发芽势

在规定时间内(一般是在发芽达到高峰以前或发芽期最初 1/3～1/2 的时间)发芽种子粒数占测定样品种子粒数的百分比。

发芽势也要分组计算，然后求 4 组的平均值，计算到小数点后一位。计算时所允许的误差是计算发芽率时所允许误差的 1.5 倍。

(3)绝对发芽率

测定样品中饱满种子的发芽率称为绝对发芽率。

$$绝对发芽率(\%)= n/(N-a)\times 100$$

式中　n——样品中正常发芽粒数；

N——样品中种子总粒数；

a——样品中空粒种子数。

(4)平均发芽速率

即供试种子发芽所需的平均日数。

$$平均发芽速率(d)= (aa_1+bb_1+cc_1+\cdots)/(a_1+b_1+c_1+\cdots)$$

式中　a，b，c，…——发芽测定开始后的天数；

a_1，b_1，c_1，…——发芽测定开始后相应各日的正常发芽粒数。

平均发芽速率计算到小数点后二位，以下四舍五入。

(5)对未发芽粒的鉴定

测定结束时，应按表 1.5.2 将未发芽粒逐一切开，统计空粒、涩粒、硬粒、新鲜未发芽粒和腐坏粒的平均百分数。

空粒指仅具有种皮的种粒；涩粒指种粒内含物为紫黑色的单宁类物质；新鲜未发芽粒指种粒结构正常但未发芽，或胚根虽已突破种皮，但其长度尚未达到正常发芽标准的；硬粒指种皮坚硬、透性不佳的新鲜未发芽粒。

四、作业与考核

(一)考核方式

种子发芽测定考核方式包括过程考核和结果考核两部分。其中，过程考核占 30%，结果考核占 70%。

(二)考核成果

每人提交一份实验报告。实验报告中要写出发芽率和发芽势的计算过程，并进行误差分析，填写发芽测定记录表 1.5.2。

(三)成绩评定

根据学生的学习态度及纪律评定其过程考核成绩；根据实验报告评定其结果考核成绩。通过综合评分分为优秀(85～100)、良好(70～84)、合格(60～69)、不合格(<60)四个级别。

实验六　种子生活力测定

一、目的与意义

种子生活力是指种子发芽的潜在能力或胚具有的生命力，通常用供检样品中活种子数占样品总数的百分率表示。林木种子发芽试验一般需时较长，生产中有时需迅速判断种子质量的好坏，不能或来不及进行发芽试验。另外，有些休眠期长的种子难于进行发芽试验，就需采用一些快速测定的方法来鉴定种子质量。种子生活力测定是利用某些化学试剂使种子染色，通过染色结果可以快速测定种子潜在的发芽能力。本实验的主要目的是让学生掌握染色法测定种子生活力的一般原则和操作技术。常用的测定种子生活力的方法有四唑染色法和靛蓝染色法。

二、材料与工具

(一) 材料

测定用种子、药品(蓝靛、四唑)。

(二) 工具

玻璃板或检定板、镊子、解剖刀、烧杯、培养皿、量筒、小勺、放大镜、标签、白纸、天平等。

三、内容与方法

(一) 测定原理及实验材料处理

1. 四唑测定原理

四唑为2,3,5-三苯基四氮唑(氯化或溴化三苯基四唑)，简称 TTC 或 TTZ，为染色粉末，分子式为 $C_{19}H_{15}N_4C_1C(Br)$。用中性蒸馏水(pH 6.5～7.0)或缓冲溶液溶解，浓度为 0.1%～1%，一般用 0.5%。这种指示剂被种子吸收，在种子组织内与活细胞的还原过程起反应，使脱氢酶接受氢。在活细胞中，2,3,5-三苯基氯化四唑经氢化作用，生成一种红色而稳定的不扩散物质，即三苯基甲臜(triphenylformazan)。这样就能识别出种子中红色的有生命部分和不染色的死亡部分。除完全染色的有生活力种子和完全不染色的无生活力种子外，还会出现一些部分染色的种子。在这些部分染色种子的不同部位能看到其中存在着或大或小的坏死组织，它们在胚和(或)胚乳(配子体)组织中所处的部位和大小(不一定是颜色的深浅)，决定着这些种子是否有生活力。不同组织的健全程度相关联的颜色差异仍然被认为具有决定性意义，主要是因为在某种程度上，它们有助于识别出健全、衰弱或死亡组织并确定其位置。

2. 靛蓝测定原理

靛蓝(indigocarmine)为蓝色粉末，分子式为 $C_{16}H_8N_2O_2(SO_3)_2Na_2$。靛蓝能透过死细胞组织使其染上颜色，但不能透过活细胞的原生质，染上颜色的种子是无生活力的。根据胚染色的部位和比例大小来判断种子有无生活力。靛蓝用蒸馏水配成浓度为0.05%~0.1%的溶液，如发现溶液有沉淀，可适当加量，最好随配随用，不宜存放过久。

(二)实验步骤和方法

1. 取样

按发芽测定中所述方法从纯净种子中随机取出4组种子，每组100粒。另外，可多取约100粒作为后备，以便取代剥胚弄坏的种子。

2. 种子预处理

为了软化种皮，便于剥取种仁，要对种子进行预处理。较易剥掉种皮的种子，可用始温30~45 ℃的水浸种24~48 h，每日换水，如杜仲、黄连木等。硬粒的种子可用始温80~85 ℃水浸种，搅拌并在自然冷却中浸种24~72 h，每日换水。种皮致密坚硬的种子，可用98%的浓硫酸浸种20~180 min，充分水洗，再用水浸种24~48 h，每日换水。豆科的许多树种如刺槐种子，具有不透性种皮，可在胚根附近刺伤种皮或削去部分种皮，注意不要伤胚。

3. 切除部分种子

(1)横切

为使四唑溶液均匀浸透，如女贞属的种子，可以在浸种后在胚根相反的较宽一端将种子切去1/3。

(2)纵切

许多树种，如松属和白蜡属的种子可以纵切后染色。即在浸种后，平行于胚的纵轴纵向剖切，但不能穿过胚。白蜡属的种子可以在两边各切一刀，但不要伤胚。

(3)取胚方

大粒种子如板栗、核桃、银杏等可取“胚方”染色。取“胚方”是指种子浸种后，切取包括胚根、胚轴和部分子叶(胚乳)的方块。

4. 靛蓝染色法

首先，将靛蓝用蒸馏水配成0.05%~0.1%浓度的溶液，要随用随配，不宜存放过久，勿使见光。

其次，将剥出的胚分组浸入靛蓝溶液中。染色剂的用量以浸没种胚为度，如有的胚浮在上面，应轻轻将其拨沉。染色时间一般在常温下为2~3 h。如温度低于20 ℃，则要适当延长时间，温度低于10 ℃则染色困难。

最后，进行观察记载：经过规定的染色时间后将溶液倒出，用清水冲洗种胚，立即将胚放在垫有滤纸的发芽皿中观察，根据染色的情况不同，可将胚分为有生活力及无生活力的两类。

以松、云杉、落叶松类判断有无生活力的标准如下：

(1)有生活力的(图1.6.1)

a. 胚全部未染色；

b. 胚根尖端少量染色，染色部分不到种胚全长1/3；

c. 胚茎部分有斑点状染色，但未相连成环状；

d. 子叶少许斑点状染色；

e. 子叶染色或来染色，但胚茎部分环状染色。

图 1.6.1　靛蓝染色有生活力的种子

（引自王羽，2000）

图 1.6.2　靛蓝染色无生活力的种子

（引自王羽，2000）

(2)无生活力的(图 1.6.2)

a. 胚全部染色；

b. 子叶染色；

c. 从胚根尖端起，种胚全长 1/3 以上染色；

d. 胚茎部分环状染色。

e. 子叶染色或未染色，但胚茎部分环状染色。

5. 四唑染色法

操作方法与步骤和靛蓝染色法相同。保持室内温度在 20~30 ℃，以 30 ℃左右为适宜，染色时间因树种而异，至少 3 h。判断种子有无生活力的标准，各树种不尽相同。以松类为例。

(1)有生活力的(图 1.6.3)

取胚时受到机械损伤的部位也能染色，但不要算作无生活力的。

图 1.6.3　四唑染色有生活力的种子

（引自王羽，2000）

a. 种胚，胚乳全部染色；

b. 种胚染色，胚乳仅少部分(少于胚乳 1/4)未染色；

c. 胚乳染色，胚根尖端少许未染色或胚茎少许未染色；

d. 胚及胚乳均少许(个别小的斑块)未染色。

(2)无生活力的(图 1.6.4)

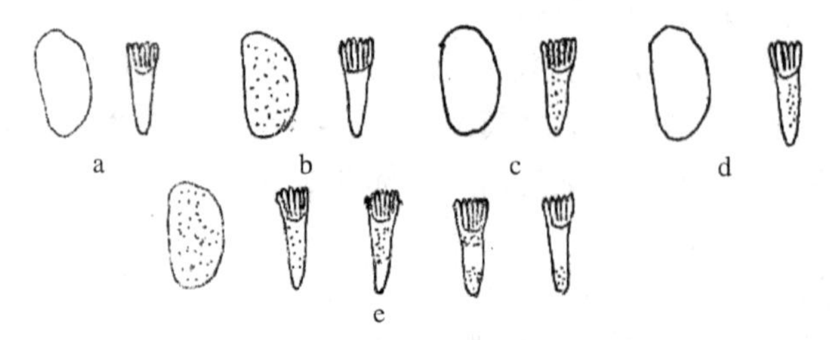

图 1.6.4　四唑染色无生活力的种子

（引自王羽，2000）

a. 胚和胚乳均未染色；

b. 胚未染色；

c. 胚乳未染色；

d. 胚和胚乳大部未染色；

e. 胚子叶未染色，或胚根未染色或胚茎未染色，胚乳仅部分染色。

6. 计算生活力

生活力测定结束时，分别统计各次重复(4 组)中有生活力种子的百分率，然后计算其平均数，平均数计算到整数。再根据平均数检查 4 个重复间的差异是否为随机误差。其最大允许差距范围与发芽测定的规定相同。

根据计算结果填写生活力测定记录表(表 1.6.1)。

表 1.6.1　种子生活力测定记录表

树种：　　　　样品编号：　　　　染色剂：　　　　测定日期：

<table>
<tr><th rowspan="3">组号</th><th rowspan="3">测定种子数</th><th colspan="3">种子解剖结果</th><th rowspan="3">染色粒数</th><th colspan="4">染色结果</th><th rowspan="3">生活力/%</th><th rowspan="3">备注</th></tr>
<tr><th rowspan="2">腐坏粒</th><th rowspan="2">病虫害粒</th><th rowspan="2">空粒</th><th colspan="2">无生活力</th><th colspan="2">有生活力</th></tr>
<tr><th>粒数</th><th>%</th><th>粒数</th><th>%</th></tr>
<tr><td>1</td><td></td><td></td><td></td><td></td><td></td><td></td><td></td><td></td><td></td><td></td><td></td></tr>
<tr><td>2</td><td></td><td></td><td></td><td></td><td></td><td></td><td></td><td></td><td></td><td></td><td></td></tr>
<tr><td>3</td><td></td><td></td><td></td><td></td><td></td><td></td><td></td><td></td><td></td><td></td><td></td></tr>
<tr><td>4</td><td></td><td></td><td></td><td></td><td></td><td></td><td></td><td></td><td></td><td></td><td></td></tr>
<tr><td>计</td><td></td><td></td><td></td><td></td><td></td><td></td><td></td><td></td><td></td><td></td><td></td></tr>
<tr><td>平均</td><td></td><td></td><td></td><td></td><td></td><td></td><td></td><td></td><td></td><td></td><td></td></tr>
<tr><td colspan="12">测定方法：</td></tr>
</table>

检验员：　　　　年　月　日

四、作业与考核

(一)考核方式

种子生活力测定考核方式包括过程考核和结果考核两部分。其中，过程考核占 30%，结果考核占 70%。

(二)考核成果

每人提交一份实验报告。实验报告中要写出种子生活力计算过程，并进行随机误差分析，填写种子生活力测定记录表 1.6.1。

(三)成绩评定

根据学生的学习态度及纪律评定其过程考核成绩；根据实验报告评定其结果考核成绩。通过综合评分分为优秀(85~100)、良好(70~84)、合格(60~69)、不合格(<60)四个级别。

实验七　种子优良度测定

一、目的与意义

种子优良度指有生活力种子数占供试种子总数的百分率，是检查种子生活力的指标。此法是根据种子内部胚和胚乳(子叶)的形态、色泽、气味等鉴定其品质，在种子收购时利用此法可尽快鉴定出种子质量并确定其使用价值和价格。但鉴定结果往往因人而异，具有较大的出入，标准也不易统一。通过本实验学习可使学生掌握种子优良度的测定方法，从而学会种子质量的快速检测。

二、材料与工具

(一)材料

供试林木种子。

(二)工具

解剖刀、解剖针、镊子、锤子、放大镜、烧杯、玻璃板、铝盒、载玻片等。

三、内容与方法

(一)概念

1. 优良种子

具有下述感官表现的种子：种粒饱满、胚和胚乳发育正常，呈现该树种新鲜种子特有的颜色、弹性和气味。

2. 劣质种子

具有下述感官表现的种子：种仁萎缩或干瘪、失去该树种新鲜种子特有的颜色、弹性和气味，或被虫蛀，或有霉坏症状，或有异味，或已腐烂。

(二)测定方法

1. 解剖法

从送检样品中随机数取100粒(种粒大的取50粒或25粒)，作为一个重复，共取4个重复。先观察供试种子的外部情况，然后分组逐粒剖开，观察种子的内部情况。解剖前可视种子坚硬程度、含水量多少、解剖难易等决定是否需要浸种处理；不浸种能解剖鉴定的，可不浸种。浸种时，根据种子吸水速率浸种2~4 d，每天换水1~2次，使种皮软化。

然后分组进行解剖。顺着胚切开观察，凡种粒饱满，种胚健康，种子内含物和色泽正常、无病虫害的种子，均为优良种子；凡是腐烂、空粒、无胚和受病虫害的种子，则为品质低劣种子。判断标准可参照表1.7.1。最后根据公式计算种子优良度。

表 1.7.1　部分树种种子优良度测定标准

树　种	优良种子	低劣种子
红松、油松、赤松、樟子松、落叶松、沙松	种粒饱满，胚、胚乳白色，有松脂香味	空粒或有胚乳无胚，胚乳淡黄色透明，皱缩或腐烂，发霉、有油脂酸败异味
胡桃楸、核桃	内种皮淡黄色、有光泽；子叶饱满，淡黄白色，有油香味	内种皮褐黄色，或蓝黑色，子叶深褐色，有油脂酸败异味、苦味，干瘪、皱缩或发霉
板栗	种壳有光泽；子叶较硬，有硬性，淡黄色有光泽，有清香味，子叶上虽有暗棕色条纹，但面积不超过叶的 1/4	种壳无光泽，色较暗；子叶软，无弹性，皱缩，味甜或发霉，子叶有暗棕色条纹，且面积超过子叶的 1/4，有时呈僵石灰质状
槐树	种粒饱满，子叶浅绿色，胚根黄色	种粒干瘪，子叶及胚根黄色或浅褐色，硬实，种子深褐色
刺槐、紫穗槐、胡枝子	种粒饱满，褐色有光泽；子叶及胚根均为淡黄色，发育正常	瘪、空粒，褐色无光泽；子叶内侧有白色菌丝或蜡状透明斑块，有虫孔
沙枣	种粒饱满，肉质；子叶白色有光泽；剖面浅黄色或近白色	空粒或干瘪，肉质；子叶黄或浅褐色，剖面深绿色或变软透明
椴树	种粒饱满，干种解剖胚黄色，胚乳白色；浸种后解剖，胚乳白色，胚淡黄色，子叶舒展	空粒，干种解剖时胚乳和胚萎缩脱离；浸种后，胚乳和胚均为黄褐色，或胚乳白色变软或蜡黄色发硬，子叶不舒展
水曲柳、花曲柳	种粒饱满、较硬，胚白色，胚乳乳白色或淡蓝色、较硬，无虫害	种粒薄、瘪，萎缩；胚黄色或灰白色，较软、透明，胚乳变硬，浸水时胚腐烂，有虫孔
文冠果	种粒较大、饱满，深褐、黑褐色，有光泽，胚白色较软	种粒褐色、黑褐色，无光泽，不饱满，胚干缩，白色或黄色
赤杨、桦树	种粒饱满，子叶白色	种粒干瘦、空粒或半粒；子叶浅黄色或腐烂
枸杞	种粒饱满，胚乳和胚均为白色	空粒、干瘪、胚乳淡黄褐色

2. 挤压法

特小粒种子(如桦)可用水煮 10 min，置于两块载玻片间挤压，饱满的种子挤出种仁空粒的出水，变质的种仁黑色。

油脂性的小粒种子(如落叶松)，可用指甲或镊子挤压，显示油点的为好种子，无油点的为空粒或劣种子；特小粒种子，可放在两张白纸间，用瓶滚压，观察有无油点。

3. 计算优良度

测定结束时，分别统计各重复(4 组)中优良种子百分率，并计算平均数，平均数计算到整数。误差的允许范围与发芽测定的规定相同。将测定结果填写在种子优良度测定记录表中(表 1.7.2)。

表 1.7.2　种子优良度测定记录表

树种：　　　　　　　　　　　　　　　　　　样品号：

组　号	测定粒数	优良种子粒数	低劣种子粒数				优良度/%
			空　粒	腐坏粒	涩　粒	其　他	
1							
2							

（续）

组　号	测定粒数	优良种子粒数	低劣种子粒数				优良度/%
			空　粒	腐坏粒	涩　粒	其　他	
3							
4							
合　计							
平　均							
测定方法：							

检验员：　　　　　　　　　　　　　　　　年　月　日

四、作业与考核

（一）考核方式

种子优良度考核方式包括过程考核和结果考核两部分。其中，过程考核占30%，结果考核占70%。

（二）考核成果

每人提交一份实验报告。实验报告中要写出优良度计算过程并进行误差分析，填写种子优良度测定记录表1.7.2。

（三）成绩评定

根据学生的学习态度及纪律评定其过程考核成绩；根据实验报告评定其结果考核成绩。通过综合评分分为优秀（85~100）、良好（70~84）、合格（60~69）、不合格（<60）四个级别。

实验八　种子含水量测定

一、目的与意义

种子含水量是指种子中所含水分的重量与测定样品重量的百分比。种子含水量影响种子呼吸，与种子贮藏和调拨运输密切关系。测定种子含水量，并将种子含水量保持在安全范围内，可为种子贮藏与运输提供保障。通过本实验，可让学生掌握种子含水量的意义及其测定方法。

二、材料与工具

(一) 材料

纯净的林木种子。

(二) 工具

玻璃板、样品盒或称量瓶、取样匙、分析天平(精度 0.001 g)、烘箱、干燥器、坩埚钳等。

三、内容与方法

(一) 测定样品

将含水量送检样品在容器内充分混合，把种子与大夹杂物分开。将送检样品倒在玻璃板上，用四分法或随机法分取两份测定样品称重：大粒种子 20 g；中粒种子 10 g；小粒及极小粒种子 3 g，称量精度要求保留小数点后 3 位。

对于种粒大和种皮厚的种子，应先从送检样品中随机抽取中间样品 50 g(不少于 8 粒)，迅速切开或打碎，充分混合后再抽取测定样品。

取样过程操作要快，尽量减少种子暴露在空气中的时间。

(二) 称量

将两份测定样品清除夹杂物，然后分别装入预先烘干已知质量的称量瓶中，记下瓶号，加同带盖的称量瓶及其中的样品一起称重，记下重量。称量的精度要求保留小数点后三位，两次重复间的差距不得超过 0.5%；否则需重做。

(三) 烘干

1. 105 ℃恒重法

此法适用于大部分林木种子。将装有测定样品的称量瓶放入 105 ℃烘箱中，敞开瓶盖。先用 80 ℃烘 2~3 h，再用 105 ℃±2 ℃烘 5~6 h，取出后盖上瓶盖，放入干燥器中冷却

20 min，取出称量，记下读数，再放回烘箱敞开瓶盖烘 2 h，再按上法称重，记下读数。当前后两次读数之差不超过 0.01 g 时，即可认为达到恒重。以最后一次的重量作为样品的干重。

注意：称量时应使用同一架天平。移动称量瓶时要注意不粘黏其他物质、不漏种子和换错瓶盖。

根据测定结果，分别计算两份样品种子含水量。计算到一位小数。

$$相对含水量(\%)=\frac{b-c}{b-a}\times 100；绝对含水量(\%)=\frac{b-c}{c-a}\times 100$$

式中　a——称量瓶及其盖子的重量；

b——称量瓶和盖子及样品的原重量(烘干前重)；

c——称量瓶和盖子及样品的干重(烘干后重量)。

注意：两份样品测定结果差不得超过容许差距(表 1.8.1)。如超过此数，需重新测定。如果第二次测定的差距不超过 0.5%，则按第二次结果计算种子平均含水量，如果第二次测定的差距仍超过 0.5%，则从 4 组中抽取差距小于 0.5%的两个组，以其平均值作为种子含水量数值，将计算结果填入含水量测定记录表(表 1.8.2)。

表 1.8.1　含水量测定两次重复间的允许差距

种子大小类别	平均原始水分		
	<12%	12%~25%	>25%
小种子(1)	0.3%	0.5%	0.5%
大种子(2)	0.4%	0.8%	2.5%

(1)小种子是指每千克超过 5000 粒的种子
(2)大种子是指每千克最多为 5000 粒的种子

表 1.8.2　含水量测定记录表

树种：　　　　　　　　　　　　　　　　　　　　　　　　样品号：

称瓶号				
瓶重/g				
瓶样重/g				
烘至恒重/g				
水分重/g				
测定样品重/g				
含水量/%				
平均/%				
容许差距/%			实际差距/%	

测定方法：　　　　　　　　　　检验员：　　　　　　　　　　年　月　日

2. 二次烘干法

此法适用于含水量高的林木种子，一般种子含水量超过 18%、油料种子含水量超过 16%时，则需采用二次烘干法。

将测定样品置于 70 ℃的烘箱中，预烘 2～5 h，取出后置于干燥器内冷却称重。测得预干所失去的水分，计算第一次测定的含水量百分率。

将经过预干的测定样品磨碎或切碎，再从中抽取测定样品，在 105 ℃烘箱中烘 1～2 h 测定其含水量。

根据第一次预干及第二次 105 ℃烘干法所得的含水量，计算种子含水量：

$$含水量(\%) = S_1 + S_2 - \frac{S_1 S_2}{100}$$

式中　S_1——第一次预干测定的含水率；

S_2——第二次 105 ℃烘干法测定的含水率。

两份样品测定结果的容许差距要求同 105 ℃恒重法，计算结果精度为 0.1%，将其填入含水量测定记录表(表 1.8.1)。

(四)一千粒纯净种子的绝对重量

气干种子千粒重的数值常因含水量的变化而变化，处于不稳定的状态。为了便于相互比较，可测定纯净种子的含水量之后换算千粒种子的绝对重量。

首先从纯净种子中抽取测定样品两份，用 105 ℃烘箱烘至恒重，计算纯净种子的含水率。

再根据测定所得纯净种子的含水率，按下式可将气干千粒重换算成千粒种子的绝对重量。

$$A = \frac{(100-C)a}{100}$$

式中　A——千粒纯净种子的绝对重量；

a——气干种子千粒重；

C——纯净种子相对含水率。

四、作业与考核

(一)考核方式

种子含水量测定考核方式包括过程考核和结果考核两部分。其中，过程考核占 30%，结果考核占 70%。

(二)考核成果

每人提交一份实验报告，实验报告中要写出种子含水量计算过程并进行误差分析，填写含水量测定记录表 1.8.2。

(三)成绩评定

根据学生的学习态度及纪律评定其过程考核成绩；根据实验报告评定其结果考核成绩。通过综合评分分为优秀(85～100)、良好(70～84)、合格(60～69)、不合格(<60)四个级别。

第二篇　苗木培育

实习一　播种育苗

一、目的与意义

播种育苗是指将种子播在苗床上培育苗木的育苗方法，是林木种苗培育的最主要方法之一。用播种繁殖所得到的苗木称为播种苗或实生苗。播种苗根系发达，对不良生长环境的抗性较强、可塑性强，后期生长快、寿命长、生长稳定，也有利于引种驯化和定向培育新的品种。播种育苗技术易于掌握，林木种子来源广，便于大量繁殖，在苗木繁殖中占有重要的地位。通过对播种苗培育全过程的实习，让学生掌握播种前种子预处理方法和育苗技术要点。

二、材料与工具

(一) 材料

①林木种子：本地区主要造林树种的小粒种子、中粒种子、大粒种子各1~2种。

②药品：福尔马林、高锰酸钾、退菌特、无氯硝基苯、硫酸亚铁、必速灭、辛硫磷或其他土壤消毒剂、腐熟的农家肥等。

(二) 工具

烧杯、量筒、盛种容器、铁锹、塑料桶、喷壶、耙子、镐、锄头、皮尺、筛子。

三、内容与方法

(一) 播种前种子处理

1. 种子筛选

种子贮藏前已经过净种、选种。在种子处理前应再次选种、净种，将变质、虫蛀的种子清除。

2. 种子消毒

可用福尔马林、硫酸铜、高锰酸钾、石灰水等进行种子消毒。例如：可在播种前1~2 d，将种子放入0.15%的福尔马林溶液中，浸泡15~30 min，取出后密封2 h，然后摊开阴干种子，即可播种或催芽；或将种子用0.5%的高锰酸钾浸种2 h，密闭0.5 h，取出洗净、阴干待播；或将种子用80%退菌特800倍液浸种15 min。

3. 种子催芽

深休眠的种子，播种前必须进行催芽处理；强迫休眠的种子，为了出苗整齐和培育壮苗，需要对其进行催芽处理。

①层积催芽：将上述消毒后种子和沙子按 1∶3 的容积比混合均匀(或按一层种子一层沙子的方式分层层积)，沙子的湿度为其饱和含水量的 60%，即手握沙子能成团但又不滴水即可。根据种子的数量挖大小适宜的种子贮藏坑，坑底铺上 10 cm 厚的粗湿沙，中间每隔 1~1.5 m 插一束秸秆，再将已混好的种子和沙放入坑内，然后上面再覆一层 3~5 cm 厚的湿沙，最后封土成丘，以便后期检查种沙湿度变化情况，做好排水，并作记录。种子催芽期间，应定时检查温、湿度，防止种子霉变，待播种前 1 周左右，将种沙取出放在 20 ℃的温暖室内进行催芽，待有 1/3 种子露白时即可播种。

②水浸催芽：有温水、冷水、热水浸种。将 5~10 倍于种子体积的温水(45 ℃)或热水(70 ℃以上)倒在盛种容器中，不断搅拌，使种子均匀受热，自然冷却 24 h 后捞出种子，放在无釉泥盆中，用湿润的纱布覆盖，放置温暖处继续催芽，注意每天淋水或淘洗 2~3 次；或将浸种后的种子与 3 倍于种子的湿沙混合，覆盖保湿，置温暖处催芽，注意温度(25 ℃)、湿度和通气状况。当 1/3 种子“咧嘴露白”时即可播种。

③机械破皮催芽：适用于少量的大粒种子的简单方法。在砂纸上磨种子或用铁锤砸种子，将种皮破开，便于水分进入种子内，加速种子发芽。

④其他催芽：用生长素、药剂、激光、红外线等方法催芽。

(二)播种地的准备

1. 土壤处理

清除苗圃地上的石块、树枝、杂草等杂物，进行土壤消毒，可将硫酸亚铁配成 2%~3%的水溶液喷洒于苗床，用量以浸湿床面 3~5 cm。也可与基肥混拌或制成药土撒于苗床后浅耕，用药量 225~300 kg/hm^2。

2. 土壤整地

整地应在土壤不干不湿、含水量为田间持水量的 60%~70%时进行，深度要根据圃地条件和育苗要求而定，一般在 20~25 cm。包括翻耕、耙地、平整、镇压。整地时间以秋季翻耕效果好。如春季起苗，应在起苗后立即深翻，应全面耕到，耕地深度适宜，做到三耕三耙，在耕地后及时进行耙地，要耙实耙透，做到平、松、匀、碎；耙地后，如土壤较干燥，应进行镇压。

3. 施基肥

可采用全面撒施方法，将肥料在第一次耕地前均匀地撒在地面上，然后翻入耕作层。也可以采用沟施或穴施，将肥料与土壤拌匀后再播种或栽植。还可以在做苗床时将腐熟的肥料撒于床面，浅耕翻入土中。一般每公顷施堆肥、厩肥 37.5~60.0 t，或施腐熟人粪与畜禽粪 15.0~21.5 t，或施火烧土 225 t、37.5 t 或施饼肥 1.5~2.3 t。在北方土壤缺磷地区，要增施磷肥 150~300 kg。

4. 做床或筑垄

在播种前 1~2 周做床，苗床以其形式可分为高床、低床和平床。高床适用于南方降水量多或排水不良的黏质苗圃地，床面高于地面 15~25 cm。低床低于步道，适用于北方降水量较少或较干旱的地区。平床比步道略高，适用于水分条件好，不需要灌溉或排水良好的土壤。做床前应先选定基线，区划好苗床与步道，然后做床。一般苗床宽 100~120 cm，步道底宽 30~40 cm。苗床长度依地形、作业方式等而定，一般 10~20m 不等，以方便管理为度。苗床走向以南北向为好。在坡地应使苗床长边与等高线平行。

垄作育苗适用于生长快、管理技术要求不高的树种。筑垄分为高垄和低垄两种。高垄的规格一般垄高 20~30 cm，垄面宽 30~40 cm，垄底宽 60~80 cm。低垄又称平垄、平作，即将苗圃地整平后直接进行播种育苗的方法，适用于大粒种子和发芽力较强的中粒种子育苗。

(三)播种

1. 确定播种期

播种时期按季节可分为春播、夏播、秋播和冬播。春季是育苗最主要的播种季节，在我国大多数地区，大多数树种都可以在春季播种。

2. 确定播种量

按下列公式计算播种量：

$$X = C \cdot \frac{AW}{PG \cdot 1000^2}$$

式中 X——单位面积播种量(或是每米长播种沟播种量)；

A——单位面积产苗量(株数)，即苗木的合理密度，可根据育苗技术规程和生产经验确定；

W——种子千粒重(g)；

P——种子净度(%)；

G——种子发芽率(%)；

C——损耗系数。

损耗系数的取值根据种粒大小、苗圃环境条件及育苗技术和育苗经验来确定，C 值大致如下：

大粒种子(千粒重在 700 g 以下)播种系数 C 略大于 1。

中小粒种子(千粒重在 3~700 g 之间)播种系数 C 在 1.5~5。

极小粒种子(千粒重在 3 g 以下)播种系数 C 在 5 以上，甚至 10~20。

3. 播种方法

播种方法分为撒播、条播和点播。一般小粒和极小粒种子可用撒播的方法；中粒种子可以采用条播或条沟撒播的方法；大粒种子可以采用点播的方法。

4. 覆土

撒播播种以后马上用细沙覆土，覆土 0.5~0.7 cm，覆土后以隐约可见种子为度。中粒及大粒种子覆土厚度为种子直径的 2~3 倍。覆土要均匀，薄厚一致。

(四)播后管理

1. 覆盖

播种后可视情况用草帘覆盖，覆盖既可以防止杂草滋生，利于保蓄水分，又便于灌溉。

2. 遮阴

上方遮阴可分为斜顶式、水平式、屋脊式和拱顶式 4 种。倾斜式上方遮阴是将荫棚倾斜设置，南低北高或西低东高，低的一面高约 50 cm，高的一面高约 100 cm。水平上方遮阴、屋脊式和拱顶式荫棚两侧高约 1 m，仅顶的形状有所不同。

3. 灌溉、松土除草

高床采用喷灌或喷壶进行灌溉，低床多采用漫灌，垄作育苗可侧方沟灌。出苗期应“少量多次”并保持床面湿润即可；幼苗期适当增加灌水量。松土除草应结合灌溉，在出齐苗后进行。可人工除草 6~8 次，每次应在灌溉或雨后进行，亦可施用除草剂。

4. 间苗补苗

间苗时用手或移植铲将过密苗、双株苗、病弱苗间出，选生长健壮、根系完好的幼苗，用小棒穿孔补于稀疏缺苗之处。

5. 追肥

在幼苗出土后的 1 个月即开始追肥，在幼苗期和速生期前期每隔 15~30 d 追肥 1 次，在苗木生长停止前 1 个月结束。追肥方法采用沟施、浇灌、撒施等，以速效肥为主，并应做到“从稀到浓、薄肥勤施、适时适量、分期巧施”。

6. 病虫害防治

为预防幼苗病害和虫害发生，在幼苗全部出齐后每周应喷洒一次波尔多液，整个生长期用药 5~7 次，质量分数 0. 5%~1%，做到由稀到浓。如发现地老虎等地下害虫，应及时用 50%马拉硫磷乳油 800 倍液在植株间浇灌，或饵料诱杀结合人工捕捉方法防治虫害。

（五）注意事项

①事先计算好播种量；②已经催过芽的种子，在播种过程中防止芽干缩，注意种子的保湿；③使用药剂注意安全；④播杉、松等小粒种子时，为了减少杂草与病菌的危害，在播种前，苗床面要先铺心土，播种后再用黄心土覆盖；⑤播极小粒和小粒种子，床面要用稻草或地膜覆盖，以保护土壤湿润和疏松。

四、作业与考核

（一）考核方式

考核方式包括过程考核和结果考核两部分。其中，过程考核占 30%，结果考核占 70%。

（二）考核成果

以组为单位，实习结束后每组培育出一床一年生合格播种苗；每人撰写一份实习报告，写出本组所采用的播种方法、步骤、育苗技术要点及注意事项。

（三）成绩评定

根据学生的学习态度及纪律评定其过程考核成绩；根据实验报告评定其结果考核成绩。通过综合评分分为优秀（85~100）、良好（70~84）、合格（60~69）、不合格（<60）四个级别。

实习二　扦插育苗

一、目的与意义

扦插是把离体的植物营养器官如根、茎(枝)和叶等的一部分制成插穗扦插到一定基质中，在一定条件下培育成完整的新植株的育苗方法。通过扦插繁殖得到的苗木称扦插苗。扦插繁殖具有操作简便、成苗快、能保持母本的优良性状、适用性广、成本低等特点，是广泛应用的传统育苗技术之一，且成为林木优良无性系育苗的重要手段。通过本次实习，让学生学会扦插育苗的技术和操作程序，提高学生发现问题以及解决问题的能力。

二、材料与工具

(一)材料

①植物材料：树木硬枝或嫩枝(杨树、柳树等)。

②药品：生根粉或萘乙酸、酒精。

(二)工具

枝剪、水桶、盆、锹、锄头、米尺、喷水壶、塑料薄膜、遮阳网、铁钎子、量筒、量杯等。

三、内容与方法

(一)扦插前准备

1. 育苗地的准备

方法同“实习一　播种育苗”。

2. 插穗的准备

(1)硬枝扦插

①选条：落叶树木在秋季落叶后至春季萌发前均可采条，常绿树在芽苞开放前采条为宜。选生长健壮、无病虫害、品质优良的母树，在其上采集健壮的一年生枝或近根颈处1~2年生的萌芽条作插穗。

②种条的贮藏：秋季采下的种条需在室内堆藏。先在室内铺一层10 cm厚的湿沙，按一层插穗一层湿沙交替堆放，堆积层数不宜过高，以2~3层为宜。注意室内通风透气和保持适当的湿度。

(2)嫩枝扦插

①插床消毒：对全光照喷雾扦插苗床基质进行翻耕，并用0.5%的高锰酸钾进行消毒。

②选条：选取生长健壮、无病虫害、半木质化的当年生嫩枝作插穗。

3. 插穗的裁制及处理

(1)硬枝扦插

①制穗：插穗剪成10~20 cm长，保证插穗上有2~3个发育充实的芽。上剪口位于顶芽上1 cm处，下剪口位置依植物种类而定，一般位于节下，细胞分裂快，易于愈伤组织形成或生根。切口可采用平切、斜切、双斜切或踵状切等。

②激素处理：视植物种类选取不同种类、不同浓度的生长素(萘乙酸、吲哚乙酸、吲哚丁酸或ABT生根粉)，将插穗基部1~2 cm浸泡在激素溶液中，根据生长素浓度决定浸泡时间，一般浸泡时间随激素浓度的增大而相应地减少。

(2)嫩枝扦插

①制穗：插穗剪成10~15 cm长，上下切口平切，距离叶柄或叶片1~2 cm，插穗上保留的叶片数量视树种而定。对于复叶树种，可留2~4个复叶，每复叶保留1~3对叶片。叶片较大的树种，在制穗时尽可能将叶片剪除1/3~1/2(如核桃)，以维持叶片膨压、降低叶片蒸腾失水速率。

②生根粉处理：插穗剪好后，一般用生根粉速蘸法进行处理，生根粉浓度比硬枝扦插要低一些。

(二)扦插及插后管理

1. 硬枝扦插

将插穗按一定的株行距扦插在插床上，长插穗一般斜插，短插穗一般直插，插条深入基质1/3~1/2。株距5~10 cm，行距20~40 cm。插后喷足第一次水，用地膜覆盖、遮阳网遮阴、喷水、通风等措施来保持基质和空气湿度与温度，以促进生根。

2. 嫩枝扦插

采用直插，扦插深度为插穗长度的1/3~1/2。密度以插后叶片互不覆盖为度。插后可用全光照间歇喷雾装置进行间歇喷雾，保持基质和插床空气湿度。无全光照间歇喷雾装置也可采用人工管理方式，温度控制在18~28 ℃为宜；中午光照强、温度高时要适当遮阴。当插穗发根后，每隔一周喷洒0.1%~0.3%氮磷钾复合肥。插穗生根以后，可延长通风时间，加大透光强度，减少喷水量，使其逐渐接近自然环境。

(三)注意事项

①大田扦插基质用砂壤土为好，透水透气，也可采用草炭土、蛭石等。

②插穗采集、制作以及扦插过程中，要保护好插穗，可用湿润物覆盖嫩枝，以免失水萎蔫。

③扦插时最好选择阴天或晴天的早晨和傍晚，以减少插穗水分的蒸发。

④扦插时要标记好插穗的上下端，以免倒插。扦插后应压实并迅速浇一遍水以保证插穗与土壤密接。

四、作业与考核

(一)考核方式

考核方式包括过程考核和结果考核两部分。其中，过程考核占30%，结果考核占 70%。

(二) 考核成果

以组为单位，每人撰写一份实习报告，写出本组所采用的扦插方法、步骤、扦插技术要点及注意事项，统计本组不同方法扦插成活率。

(三) 成绩评定

根据学生的学习态度及纪律评定其过程考核成绩；根据实验报告评定其结果考核成绩。通过综合评分分为优秀(85~100)、良好(70~84)、合格(60~69)、不合格(<60)四个级别。

实习三　嫁接育苗

一、目的与意义

嫁接是把优良母本的枝条或芽(称接穗)嫁接到遗传性不同的另一植株或插穗(称砧木)上，使之愈合生长形成一个独立植株的繁殖方法。嫁接繁殖是林木育苗重要的方法之一，嫁接苗不但可以保持植物的优良特性，还能提早开花结果，增加苗木的抗性和适应性。嫁接能克服植物不易繁殖的现象，繁育、培育新品种，扩大优良个体繁育系数。通过本次实习，让学生学会砧木和接穗的选择方法，熟练掌握主要林木枝接(劈接、切接、插皮接、舌接)和芽接(“T”字形芽接、嵌芽接)操作要领。

二、材料与工具

(一)材料

采条的母树、砧木、石蜡。

(二)工具

枝剪、高枝剪、手锯、嫁接刀、磨刀石、塑料薄膜条、水桶、湿布等。

三、内容与方法

(一)接穗准备

一般选择树冠外围中上部生长充实、芽体饱满的新梢或1年生发育枝作为接穗。然后将剪好的接穗打捆，做好品种名称标记和保湿贮藏工作。夏季采集的新梢，应立即去掉叶片和生长不充实的新梢顶端，只保留叶柄，及时用湿布包裹，以减少枝条的水分蒸发。当取回的接穗不能及时使用时，可将枝条下部浸入水中，放在阴凉处，每天换水1~2次，可保存4~5 d。

春季枝接和芽接采集穗条，最好结合冬剪进行，也可在春季树木萌芽前1~2周采集。采集的枝条包好后放入冷窖内沙藏，若能用冰箱或冷库在5 ℃左右的低温下贮藏更好。

(二)砧木的准备

选择与接穗亲和力强，对栽培地区、气候、土壤等环境条件的适应能力强，对接穗的生长、开花、结果、寿命会产生积极的影响，来源充足、易繁殖，对病虫害、旱涝、低温等有较好的抗性，在应用上能满足特殊需要，如乔化、矮化、无刺等植株为砧木。砧木一般为1年或2~3年生播种育苗。嫁接时，如打算嫁接后用土覆盖，需事先将砧木两旁挖深7~10 cm。进行芽接时，如果土壤干燥，应在前一天灌水，增加树木组织内的水分，以便嫁接时能较容易地剥开砧木接口处的树皮。

(三)嫁接方法

1. 枝接

(1)劈接

砧木较粗(2~3 cm)时而接穗细小的时候可使用劈接。

①制接穗：在接穗下端芽的两侧各削 2~3 cm 长的楔形削面(图 2.3.1)，使有顶芽一侧稍厚。

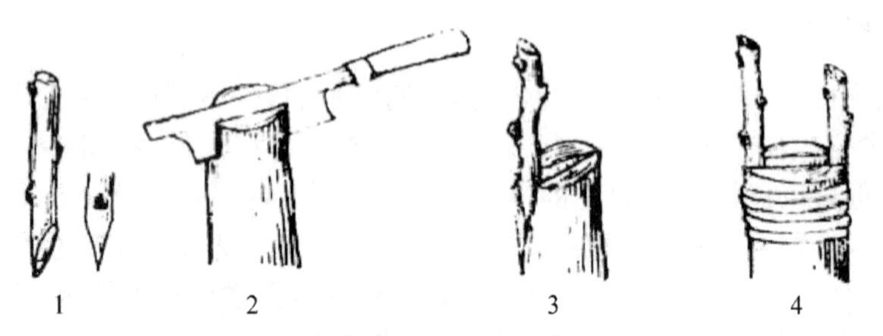

图 2.3.1 劈接法示意(引自王九龄，1991)

1. 削接穗 2. 切砧木 3. 插接穗 4. 绑缚

②切砧木：可在距地 5~6 cm 处将砧木剪断或锯断。然后在砧木断面中心用嫁接刀垂直下劈，深度与接穗削面相同。

③接合绑扎：轻轻撬开砧木劈口，把接穗以宽面向外、窄面向里的方向插入劈口中，使两者的形成层对齐。接穗插至削面上端距砧木切口 0.2~0.3 cm，用塑料薄膜紧密绑扎。如果砧木较矮，可用土掩埋好。

(2)切接

适用于 1~2 cm 粗的砧木，也可用于嫁接较粗的砧木或在大树上改换品种。

①制接穗：在接穗下芽背面 1 cm 处斜削一刀，削掉 1/3 木质部，斜面长 2 cm 左右，再在斜面的背面斜削一个长 0.8~1 cm 的小斜面。

②切砧木：将砧木从距地 20 cm 处短剪，选择表皮较厚的地方，用刀自上而下垂直下切 2.5 cm。

③接合绑扎：将接穗大斜面向内插入切口，使形成层对齐(图 2.3.2)。用塑料薄膜紧密绑扎。

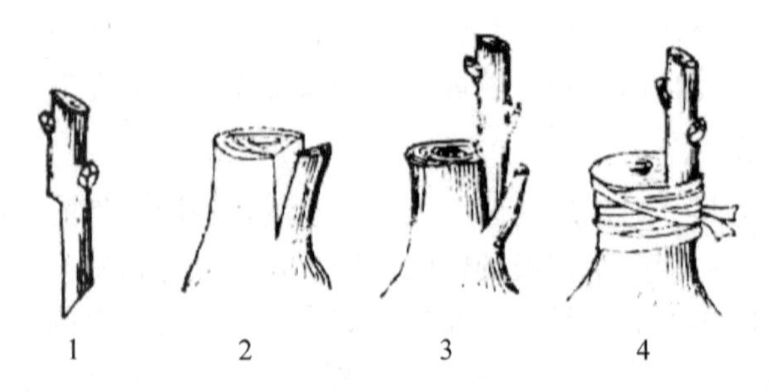

图 2.3.2 切接法示意(引自王九龄，1991)

1. 削接穗 2. 切砧木 3. 插接穗 4. 绑缚

(3)插皮接

适宜于直径2~3 cm以上易剥皮的砧木。

①制接穗：在下芽背面1~2 cm处，向下削一个2~3 cm长的斜面，斜面要平直并超过髓心，厚0.3 cm，再在斜面的背后尖端0.6 cm左右削一个小斜面。

②切砧木：可在距地5~8 cm处将砧木剪断或锯断。在砧木皮光滑处垂直向下划一纵口，长度为接穗长度1/2~2/3，顺刀口向左右挑开皮层。有些树种不必开口，直接用竹签在砧木的木质部和韧皮部中间插出空隙即可。

③接合绑扎：将制好的接穗大斜面对准砧木木质部方向插入切口或空隙，并使接穗背面对准砧木切口正中，接穗削面上端要“留白”，使接穗和砧木密接，然后进行严密绑扎(图2.3.3)。嫁接位置较低的，可用土掩埋好。

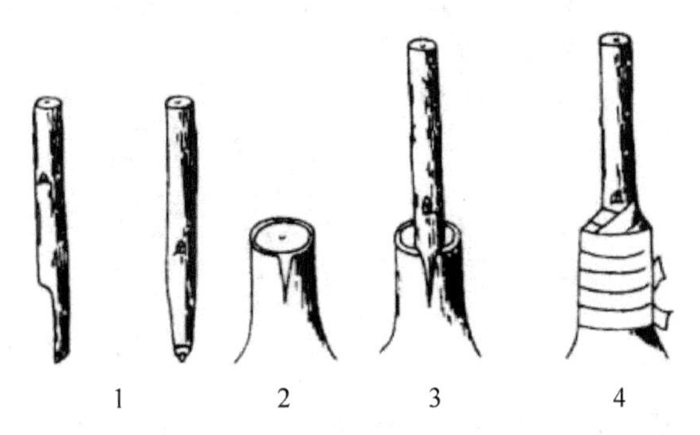

图2.3.3　插皮接法示意(引自叶要妹，2016)

1. 削接穗　2. 切砧木　3. 插接穗　4. 绑缚

(4)舌接

适用于砧木和接穗粗1~2 cm，且大小粗细相差不大的嫁接。

①制接穗：在接穗平滑处顺势削3 cm长的斜削面，再在斜面由下往上1/3处同样切1 cm左右的纵切口与砧木斜面部位纵切口相对应。

②切砧木：可在距地5~8 cm处将砧木剪断或锯断。将砧木上端削成3 cm长的削面，再在削面由上往下1/3处，顺砧干往下切1 cm左右的纵切口，呈舌状。

③接合绑扎：将接穗的内舌(短舌)插入砧木的纵切口内，使彼此的舌部交叉起来，互相插紧(图2.3.4)，然后绑扎。

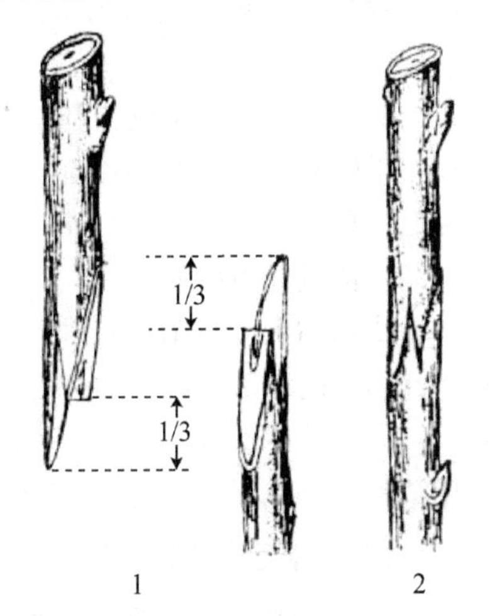

图2.3.4　舌接法示意

(引自郭学望，1992)

1. 砧穗切削　2. 砧穗结合

2. 芽接

(1)“T”字形芽接

①取芽片：采当年生新鲜枝条为接穗，立即去掉叶片，保留叶柄，用湿毛巾包裹备用。削芽片时，先从芽上方0.5 cm左右横切一刀，刀口长0.8~1 cm，深达木质部，再从芽片下方1 cm左右连同木质部向上切削到横切

口处取下芽，芽片一般不带木质部，芽居芽片正中或稍偏上一点。

②切砧木：在砧木距地面 5 cm 左右处选光滑无疤部位横切一刀，深达木质部，然后从横切口下方纵切一刀，切口呈"T"字形。

③装芽片、绑扎：撬开砧木皮层，把芽片放入切口，往下插入，使芽片上边与"T"字形切口的横切口对齐。然后用塑料带将切口包扎严，注意将芽和叶柄留在外面，以便检查成活(图 2.3.5)。

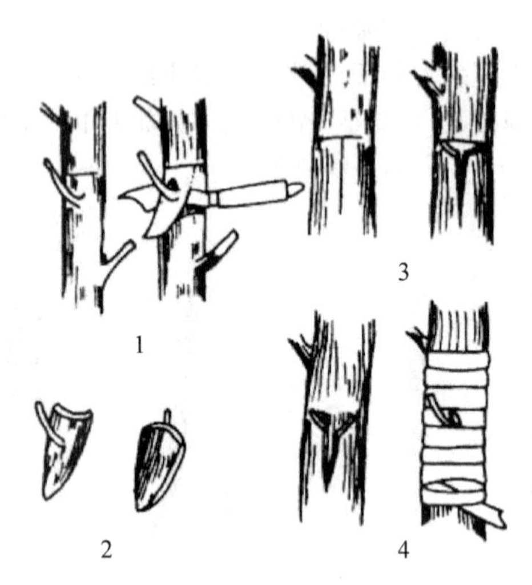

图 2.3.5　"T"字形芽接法示意(引自叶要妹，2016)

1. 削取芽片　2. 芽片形状　3. 切砧木　4. 插入芽片与绑缚

有些树木是在 1~2 年生的苗干上，每隔 20~25 cm 嫁接一个接芽，待接芽成活后，将苗木截成长 20~25 cm 的插穗(保证每个插穗上有一个接芽)，进行扦插繁殖，俗称"一条鞭"嫁接育苗(如毛白杨嫁接)。

(2)嵌芽接

此法适用于砧木较细和砧木皮层不易离皮的树木。

①削芽片：切削芽片时，自上而下切取，在芽的上部 1~1.5 cm 处稍带木质部往下切一刀，再在芽的下部 1.5 cm 处横向斜切一刀，即可取下芽片，一般芽片长 2~3 cm，宽度不等，依接穗粗度而定。

②切砧木：在砧木光滑无疤部位自上向下稍带木质部削一与芽片长宽均相等的切面。将此切开的稍带木质部的树皮上部切去，下部留有 0.5 cm 左右。

③装芽片、绑扎：将芽片插入切口，使两者形成层对齐，再将留下部分贴到芽片上，用塑料带绑扎好即可(图 2.3.6)。

(四)接后管理

1. 检查成活、补接及解除绑缚

枝接一般在 20~30 d 后即可检查成活，成活后接穗上的芽新鲜，饱满，有的已萌发，未成活的接穗干枯或变黑腐烂。芽接一般 7~14 d 即可检查成活，成活者叶柄一触即掉，未成活芽片干枯变黑。未成活的要及时补接。检查时如绑缚物太紧，要及时松绑或解除绑

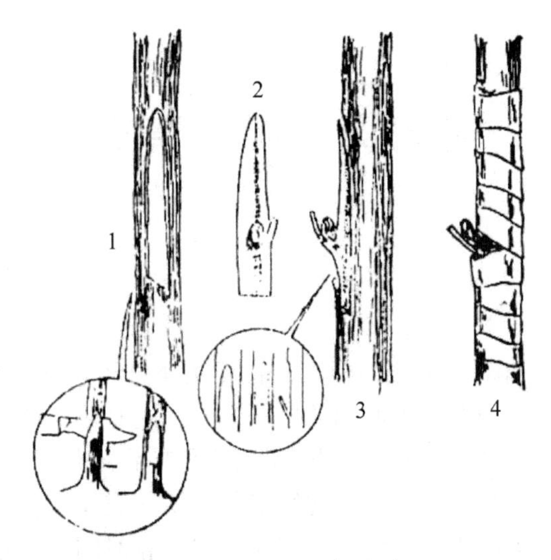

图 2.3.6　嵌芽接法示意(引自俞玖，1988)

1. 取芽片　2. 芽片形状　3. 插入芽片　4. 绑缚

缚物，当新芽长至 2~3 cm 时，即可全部解除绑缚物；生长快的树种，枝接最好在新梢长到 20~30 cm 时解绑，过早，接口仍有被风吹干的可能。

2. 剪砧、抹芽、除蘖

嫁接成活后，凡在接口上方仍有砧木枝条的，要及时将接口上方木部分剪去，以促进接穗的生长。大多数树种采用一次剪砧，即在嫁接成活后，将砧木自接口处上方 1 cm 处剪去。嫁接难成活的树种，可分两次或多次剪砧。嫁接成活后，及时抹除砧木上的芽和根蘖。

3. 抚育管理

浇水、施肥以及中耕除草同其他育苗方法。

四、作业与考核

(一) 考核方式

考核方式包括过程考核和结果考核两部分。其中，过程考核占 30%，结果考核占 70%。

(二) 考核成果

以组为单位，每人撰写一份实习报告，写出本组所采用的嫁接方法、步骤、操作技术要点及注意事项，统计本组每种方法嫁接成活率。

(三) 成绩评定

根据学生的学习态度及纪律评定其过程考核成绩；根据实验报告评定其结果考核成绩。通过综合评分分为优秀(85~100)、良好(70~84)、合格(60~69)、不合格(<60)四个级别。

实习四　组培育苗

一、目的与意义

植物组织培养是利用细胞的全能性原理，在无菌条件下，将离体的植物器官、组织、细胞、胚胎、原生质体等培养在人工配制的培养基上，同时给予适宜的培养条件，诱发产生愈伤组织或长成新的完整植株的过程。植物组织培养是林木快速繁殖中最先进的技术。组培苗能保持母树的优良性状；茎尖培养的组培苗可培养成无菌苗，更新复壮品种；组培育苗能解决常规育苗中较为困难的问题，繁殖速率快、省时间、产量大、节约用地；能较好地保存种质资源，方便资源交流。通过本实习，让学生掌握常规培养基的配制和培养材料及器具的灭菌方法；了解植物组织培养所需要的环境条件和植物组织培养步骤。

二、材料与工具

(一)材料

植物材料、配制MS培养基所需试剂、琼脂粉、蔗糖、植物生长调节剂(细胞生长素类和细胞分裂素类)、重铬酸钾、氢氧化钠、盐酸、蒸馏水和基质等。

(二)工具

分析天平(精度0.1 g、0.001 g)、烧杯(1000 mL、500 mL、100 mL、50 mL)、量筒(1000 mL、100 mL、10 mL)、容量瓶(1000 mL、500 mL、100 mL)、药匙、称量纸、玻璃棒、滴管、移液枪、枪头、电磁炉、酸度计或精密pH试纸、三角瓶、镊子、手术刀、高压灭菌锅、超净工作台、冰箱、接种灭菌器、育苗盘、喷壶等。

三、内容与方法

(一)玻璃器皿的洗涤

新购置的玻璃器皿，使用前用1%的盐酸浸泡一夜，然后用肥皂水洗涤，清水冲洗，最后用蒸馏水冲净，干后备用。已用过的玻璃器皿用洗衣粉洗涤，再用清水冲洗干净，然后放入洗液中浸24 h，用清水冲洗，再经蒸馏水冲洗净，干后备用。

洗液的配制：一般采用重铬酸钾50 g，加入1 L蒸馏水，加温溶解，冷却后再缓缓注入90 mL工业硫酸。

(二)培养基的配制

1. 母液配制

按照MS培养基的成分，称取各种试剂，用蒸馏水或去离子水配制各种母液，放在冰箱中保存，用时按需要浓度稀释。

①大量元素：将药品称取后，分别溶解再依顺序混合定容，配成10倍浓度的母液，每配制1 L培养基时取母液100 mL。

②微量元素：微量元素常配成100倍母液，每配制1 L培养基时取母液10 mL。其中KI母液单独配制存放，其他微量元素混合一起制成母液存放。

③铁盐：铁盐常配成100倍母液单独配制存放，每配制1 L培养基时取母液10 mL。

④有机化合物类：有机化合物类配成100倍母液，每配制1 L培养基时取母液10 mL，原则上维生素母液、氨基酸母液和肌醇母液单独配制存放。

⑤生长调节剂母液配制：生长调节剂类母液配制浓度一般为1 mg/mL，配制成母液单独存放。

注意：所有母液都要贴上标签，注明名称、配制倍数、日期，所有的母液都应保存在0~4 ℃冰箱中，若母液出现沉淀或霉团则不能继续使用。

2. 培养基配制(以配制1 L培养基为例)

①溶解琼脂和蔗糖：在1000 mL的烧杯中加入500 mL蒸馏水，加入6~8 g琼脂粉加热煮溶，再放入10 g蔗糖，搅拌溶解。

②加入母液：用量筒量取100 mL大量元素母液、10 mL各微量元素母液、10 mL各有机化合物类母液，分别加入烧杯中。再按照配方，用移液枪向烧杯中加入适量的生长调节剂类母液，加蒸馏水定容至1000 mL。

③调节pH值：用酸度计或pH精密试纸测定pH，用1 mol/L NaOH溶液或1 mol/L HCl将pH值调至6~6.2。

④分装培养基并封口：将培养基分装到培养瓶(100 mL)中，每个注入30 mL左右。动作要快，在培养基冷却前分装完毕，并盖上瓶盖。如培养基凝固，可适当加热后再分装。

⑤培养基灭菌：将分装好的培养基放到高压灭菌锅中灭菌，在压强108 kPa下维持20 min即可。待压强自然下降到零时，开启放气阀，打开锅盖，放入接种室备用。进行培养基灭菌时可灌装几瓶蒸馏水，经高压灭菌后制成无菌水。

(三)接种与培养

1. 接种

(1)接种前的准备工作

①接种前30 min打开接种室和超净工作台上的紫外线灯进行灭菌，并打开超净工作台的风机。

②操作人员进入接种室前，用肥皂和清水将手洗干净，换上经过消毒的一整套工作服，并戴上工作帽和口罩。

③用70%的酒精棉球仔细擦拭手和超净工作台面及其他需要放到工作台上的用品。

④把剪刀、镊子等工具插入接种灭菌器中，剪刀和镊子最好准备两套，以便轮流使用。

(2)外植体的消毒(以茎段为例)

①将采回的枝条剪掉叶子(留一小段叶柄)，剪成具有2~3个腋芽的枝段，放于容器中，用流水冲洗10 min左右，放在超净工作台上备用。

②用70%酒精浸泡外植体，约30 s后倒掉酒精，用无菌水冲洗1次，然后用0.1%氯化汞($HgCl_2$)浸泡5~10 min，再用无菌水冲洗5次后，用灭过菌的滤纸吸干水分备用。

(3)接种

点燃酒精灯，将接种用镊子、剪刀等从接种灭菌器中取出，晾于架上备用。用镊子夹取备用的外植体，用剪刀将外植体两端和叶柄剪去一小节。将培养瓶瓶口在酒精灯火焰上方烧灼，然后打开瓶塞，用镊子尽快将外植体插入瓶内培养基中，再在火焰上方烧灼瓶口，然后盖上盖子。

2. 培养

将接种了外植体的培养瓶放到培养室，及时观察外植体的分化情况，并及时做继代、生根培养。将初代培养产生的无菌芽切割分离，进行继代培养后可扩大繁殖，接种过程与外植体接种基本相同，但无需对接种材料进行灭菌处理。为防止变异或突变，通常只能继代培养 10~12 次。当多次继代培养无菌芽增殖到一定规模后，选取粗壮的无菌芽(高约 3 cm)接种到生根培养基上进行生根培养，待长出不定根后可驯化移植。或者将未生根无菌芽的直接栽到基质中进行瓶外生根。

(四)炼苗移栽

当无菌芽长出不定根后，可将苗木由培养室转移到半遮阴的自然光下，打开瓶盖 3~5 d 后，将组培苗从培养瓶中取出，洗净根部的培养基，移栽到蛭石或珍珠岩或草炭或河沙等透气性强的基质上。移栽后浇透水，适当遮阴，注意保湿，避免暴晒。半月后可将苗木移植到装有一般营养土的容器中栽培，加强水肥管理。

四、作业与考核

(一)考核方式

考核方式包括过程考核和结果考核两部分。其中，过程考核占 30%，结果考核占 70%。

(二)考核成果

实习结束后每人撰写一份实习报告，写出组培步骤、操作技术要点及注意事项，并统计污染率。

(三)成绩评定

根据学生的学习态度及纪律评定其过程考核成绩；根据实验报告评定其结果考核成绩。通过综合评分分为优秀(85~100)、良好(70~84)、合格(60~69)、不合格(<60)四个级别。

实习五　容器育苗

一、目的与意义

利用各种容器装入培养基质，在适宜的环境条件下培育苗木称容器育苗。容器育苗不仅能节省种子、缩短育苗周期，还能提高苗木质量和造林成活率。容器苗的根系完整，能够减少因起苗、包装、运输、假植等作业时对根系的损伤和水分的损失，在我国特别是北方干旱地区林木生产中，应用十分广泛。通过本实习，让学生学会选择合适容器和营养基质，正确配制营养土；能根据苗木生长情况进行苗期管理。

二、材料与工具

(一) 材料

林木种子、肥料、蛭石、草炭土、黄心土、珍珠岩等。

(二) 工具

农用塑料薄膜、穴盘等育苗容器、小铲、锄头、耙子、铁锹、喷壶、筛子、喷雾器等。

三、内容与方法

(一) 种子预处理

方法同“实习一　播种育苗”。

(二) 容器选择

根据所育树种生长特性、苗木规格及培育年限选择容器的规格和材料。生长慢、规格小、培育时间短可以利用较小的一次性塑料杯或纸杯；生长快、规格大、培育时间长可适当加大容器的规格，有条件的地方可选择能降解的容器。

(三) 配制育苗基质

容器育苗用的基质要因地制宜，就地取材。可根据培育的树种配制基质，配制基质的材料有黄心土、火烧土、腐殖质土、泥炭等，按一定比例混合后使用。培育少量珍稀树种时，在基质中掺以适量蛭石、珍珠岩等。配制基质用的土壤应选择疏松、通透性好的且无其他严重污染的土壤。配好的育苗基质理化性质稳定，保湿、通气、透水，具有一定的肥力，重量轻，不带病原菌、虫卵和杂草种子。并根据培育树种要求，用碱性肥料和酸性肥料调节基质的 pH 值。培育松类、栎类、银杏等苗木，可通过添加林下 0~40 cm 深土层的土壤或人工培育的菌根剂或已感染菌根菌松苗周围的土壤进行菌根接种。配制基质时各成分要混合均匀并过筛，最大土粒直径不大于 0.5 cm。

有条件的地方可从市场上直接购买育苗基质成品。育苗基质使用前要用高锰酸钾或硫酸亚铁或福尔马林进行消毒。

(四) 选地做床

选择地势平坦，背风向阳及排水、灌溉条件好，病虫害发生较轻的地段进行细致整地并做床。可用低床育苗，苗床宽 1.1 m，长度随地块形状而定，床底要平整、紧实，可铺砖以免容器苗根系长入土中；步道高出床面 20~25 cm，步道宽 30~50 cm。

(五) 营养土的装填、容器摆放及播种

基质装填前要湿润，含水量在 10%~15%。装填时底部要压实，特别是装填无底容器，要做到提袋时不漏土；基质装至离容器上缘 0.5~1 cm 处为宜，边填边夯实。将装好基质的容器整齐摆放到苗床上，容器上口要平整一致。

根据树种特性及种子质量确定好每个容器的播种粒数，将经过预处理的种子按照确定的粒数播种到容器中并覆土。覆土厚度为种子短径 2~3 倍，小粒种子以不见种子为度。覆土后要立即喷水，至出苗前要保持基质的湿润。苗床周围用土培好，容器间空隙用细土填实。

(六) 苗期的管理及移植

容器苗苗期管理包括间苗、水分管理、施肥、病虫害防治、除草等工作。为了满足苗木生长，根据生长情况，不定期地更换大容器；移植过程中，要求容器选择适当；移植后，栽植深度适当。

四、作业与考核

(一) 考核方式

考核方式包括过程考核和结果考核两部分。其中，过程考核占 30%，结果考核占 70%。

(二) 考核成果

以组为单位，实习结束后每组撰写一份实习报告，写出容器育苗步骤、操作技术要点及注意事项。

(三) 成绩评定

根据学生的学习态度及纪律评定其过程考核成绩；根据实验报告评定其结果考核成绩。通过综合评分分为优秀(85~100)、良好(70~84)、合格(60~69)、不合格(<60)四个级别。

实习六　苗圃规划设计

一、目的与意义

苗圃规划设计是苗圃建立与经营管理的基础，对苗圃进行科学的规划设计是实现苗圃可持续发展的基本保障。通过苗圃规划设计实习，让学生学会运用相关专业基础知识、苗木培育的理论与实践知识，结合苗圃生产目的，分析苗圃的自然条件与经营条件与拟用育苗技术措施的关系，计算苗圃面积并进行生产区区划，同时做出成本估算，填写相应表格，绘制苗圃平面区划图，撰写调查规划设计说明书。

二、材料与工具

(一)测绘工具

地形图(1：10 000 或 1：25 000)、GPS、罗盘仪、标杆、测绳、皮尺、钢尺、胸径尺、测高器、二类林业调查数据(当地林地保护利用规划数据库)等。

(二)土壤测定工具

多功能铁锹、土壤刀、环刀、铝盒、酸度计、土壤袋、标签、土壤养分速测仪等。

(三)编写用具

笔记本电脑、米格纸、其他相关调查设计记录用表等。

(四)其他参考性资料

苗圃地气象、水文、土壤、植被等资料，当地劳动力、工资水平、交通运输、农林业生产情况等。

三、内容与方法

(一)苗圃地调查

对苗圃地进行实地踏勘和调查访问，了解苗圃地的历史发展状况，调查苗圃地地势、土壤、植被、水源、病虫害、周围的环境状况、交通运输以及农林业生产情况等，在此基础上对苗圃进行 SWOT 分析并提出初步意见。

(二)苗圃地勘测

1. 圃地测量

平面图是进行苗圃规划设计的依据，按一定的精度和比例尺测绘平面图或地形图可为其他项目调查和苗圃区划提供依据。一般比例尺为 1：2000~1：5000，等高距要求为 20~50 cm，道路、房屋、水源等地形地物要尽量绘入。测量结果记入罗盘仪闭合导线测量记录表。

2. 土壤及水文调查

先按照踏查及图面材料所提供信息初步确定调查路线，按路线调查进行土壤调查。根据圃地的自然形态、地势及指示植物的分布，选定典型地点挖土壤剖面。剖面位置应具有代表性，需要设置在不同的植物群落和地形部位上，不宜在沟边、路旁和建筑物附近设置剖面。土壤剖面的数量，应根据苗圃地土壤的复杂性而定，一般每 100 km^2 挖 10~15 个剖面。记载土壤厚度、土壤质地、土壤结构，土壤酸碱度(pH 值)，必要时可采样进行分析，弄清土壤的种类、分布、肥力状况和土壤改良的途径，并在地形图上绘出土壤分布图，以便合理地使用土地，调查结果填入土壤及土壤剖面调查表。

加深土壤剖面深度，进行水文调查。调查地下水深度，选取水样，测定其化学成分。若圃地内或附近有井时，记载水井位置，并将其标记在地形图上，确定水的质量、井的出水量、水井的情况及用途等。

3. 植被调查

调查苗圃区域范围内主要植物群落、种类组成及其生长情况。分别记载各种植物的名称、覆盖度或盖度(用密集、稀少、单株表示)、平均高、年龄、根系分布情况等。调查不同土壤类型上种植过什么，各植物生长状况。若是撂荒地，要了解撂荒的年限；若是荒草地，要了解居民的经济活动和放牧情况，填写植被调查表。

4. 病虫害调查

调查苗圃地及其周围病虫害种类、数量以及发生程度，拟定土壤消毒方法以及病虫害防治措施，将调查结果填写到病虫害调查表中。

5. 社会调查

了解当地的劳动力、工资水平、水利、电力资源情况，为下一步的苗圃规划设计打下基础。

6. 气象资料的收集

向当地的气象台站收集有关的气象资料，如全年及各月平均气温、最高和最低气温、生长期、早霜期、晚霜期、晚霜终止期、土表最高温度、冻土层深度、年降水量及各月分布情况、最大一次降水量及降雨历时数、空气相对湿度、主风方向和风力等。此外，还应向当地群众了解圃地的特殊小气候等情况。

7. 外业资料整理

将各项调查数据进行整理、完善和分析，绘制苗圃平面图，编写调查设计说明书，对苗圃地的生产任务、建筑工程、设备、灌溉等主要问题提出建议。

(三)苗圃区划

1. 生产用地的区划

生产用地是指直接用于培育苗木的土地，包括播种繁殖区、营养繁殖区、苗木移植区、大苗培育区、设施育苗区、采种母树区、引种驯化区、示范区等所占用的土地及暂时未使用的轮作休闲地。苗圃中进行育苗的基本单位是作业区，作业区一般为长方形和正方形。作业区的长度依机械化程度及地形而异，完全机械化的以 200~300 m 为宜、畜耕者 50~100 m 为好。作业区的宽度依圃地的土壤质地和地形是否有利于排水而定，排水良好者可宽，排水不良时要窄，一般宽 40~100 m。作业区的方向依圃地的地形、地势、坡向、主风方向和圃地形状等因素综合考虑。坡度较大时，作业区长边应与等高线平行。一般情况下，作业区长边最好南北向，可使苗木受光均匀，有利于生长。进行生产用地区划需要考虑以下几个方面：

(1)确定苗圃地生产任务

根据苗圃地专门用途以及苗木供应地造林与绿化计划来决定生产任务，任务中要指出育苗种类、数量、要求达到的标准或规格，以及其他技术要求等。

(2)计算生产用地面积

根据各生产用地分区的生产任务，计算各分区生产用地面积，将各类苗木生产区的面积相加后再加上轮作休闲地即得苗圃生产区的总面积。例如：

①播种区面积计算：根据树种生物学特性、圃地环境条件、育苗技术、生产条件以及单位面积(或长度)的产苗量等条件来确定作业方式和育苗图式(配置模式及株行距)，确定后即可计算面积。

②移植区(或插条区)的面积计算：计算移植区和插条区的面积和播种区一样，要根据树种的生物学特性、环境条件及抚育时所使用的工具等，确定育苗图式(如株行距)和轮作制，然后根据任务书中所规定的苗木年龄即可计算面积。计算时，为了补充育苗过程中损失的苗木数，要增加6%的生产任务。

2. 辅助用地的区划

辅助用地又称非生产用地，是指苗圃的管理区、建筑用地和苗圃道路、排灌系统、防护林带、晾晒场、积肥场及仓储建筑等占用的土地，苗圃的辅助用地比率一般不超过25%。道路系统主要是设置道路网，包括主道，副道、周界道、小道。排灌系统包括水源、提水设备、引水设施、排水系统。为了避免苗木遭受风沙危害应设置防护林带，以降低风速，减少地面蒸发及苗木蒸腾，创造适宜的小气候和生态环境。防护林带的设置规格依苗圃的大小和风害程度而异；林带的结构以乔灌木混交半透风式为宜；林带宽度和密度依苗圃面积、气候条件、土壤和树种特性而定，一般林带为3~5行。建筑设施包括办公室、宿舍、食堂、仓库、种子贮藏室、工具房、场院、畜舍、车棚。

(四)绘制苗圃平面区划图

绘制苗圃平面区划图，把苗圃的各个部分标注在图中，生产用地和辅助用地要分别用不同颜色加以区分，比例尺1：2000。

(五)制订年度育苗生产计划

根据苗圃规模、经营能力以及市场的需求，制订苗圃年度育苗计划，包括育苗树种品种的确定、各树种育苗任务量的确定、种苗量的确定、物肥药量的确定、用工量的确定、苗木质量标准的确定等。育苗生产计划要根据实际育苗需要分类进行统计，在满足需要的同时，还要精简节约，降低成本，追求最大经济效益。

(六)育苗技术设计

育苗技术设计是苗圃设计最重要的部分，设计的中心思想是以最少的费用，从单位面积上获得优质高产的苗木。为此要充分运用所学理论知识，根据苗圃地的条件和树种特性，吸取生产实践的先进经验，拟订出先进的、正确的技术措施。技术设计要求分别说明每个树种育苗工序的技术措施，并说明采取这些措施的理由。

(七)育苗成本核算

育苗成本核算包括以下几个方面的费用(表 2. 6. 1)。

1. 建圃开支费用

建圃开支基本上是指建立苗圃时各项基本建设的投资，如圃地测量、平整土地、土壤改良、建筑物、道路系统、排灌系统、防护林等。

2. 育苗直接成本

直接成本指育苗所需的作业费、种苗费及物料、肥料、药剂费等，按树种分别计算。

3. 育苗间接成本

间接成本指基本建设折旧费，仪器、工具折旧费，以及行政管理费等。

4. 育苗成本总计

把上述各项费用相加，就是各个树种的育苗成本，将上述各树种育苗成本合计，按各树种年产苗量求出每千株(或万株)的单价。

5. 育苗产值估算

根据各类苗木产量以及当前苗木价格，对苗圃育苗产值进行合理估算，据此确定苗圃年度盈利情况。

6. 中长期效益估算

根据苗圃经营状况，估算 5 年内苗圃的经济效益及其他效益。

填写育苗作业总成本表(表 2. 6. 1)、年度苗圃资金收支平衡表(表 2. 6. 2)和共、管、折三费分摊过渡表(表 2. 6. 3)。

表 2. 6. 1　育苗作业总成本表

<table>
<tr><th rowspan="3">树种</th><th rowspan="3">育苗面积/亩</th><th rowspan="3">产苗量/千株</th><th colspan="2">用工量</th><th colspan="7">直接费用</th><th colspan="2">直接成本</th><th rowspan="3">管理费/元</th><th rowspan="3">折旧费/元</th><th colspan="2">总成本</th><th rowspan="3">备注</th></tr>
<tr><th rowspan="2">人工/个</th><th rowspan="2">机械工/个</th><th colspan="2">作业费/元</th><th rowspan="2">种苗费/元</th><th rowspan="2">物料费/元</th><th rowspan="2">肥料费/元</th><th rowspan="2">药剂费/元</th><th rowspan="2">共同生产费/元</th><th rowspan="2">小计/元</th><th rowspan="2">千株成本/元</th><th rowspan="2">总费用/元</th><th rowspan="2">千株成本/元</th></tr>
<tr><th>人工费</th><th>机械工费</th></tr>
<tr><td></td><td></td><td></td><td></td><td></td><td></td><td></td><td></td><td></td><td></td><td></td><td></td><td></td><td></td><td></td><td></td><td></td><td></td><td></td></tr>
<tr><td></td><td></td><td></td><td></td><td></td><td></td><td></td><td></td><td></td><td></td><td></td><td></td><td></td><td></td><td></td><td></td><td></td><td></td><td></td></tr>
<tr><td></td><td></td><td></td><td></td><td></td><td></td><td></td><td></td><td></td><td></td><td></td><td></td><td></td><td></td><td></td><td></td><td></td><td></td><td></td></tr>
</table>

表 2. 6. 2　年度苗圃资金收支平衡表

<table>
<tr><th colspan="4">收入项目</th><th rowspan="2">支出项目/元</th><th rowspan="2">两抵后盈亏/元</th></tr>
<tr><th>种　类</th><th>产苗量/千株</th><th>单价/(元/千株)</th><th>收入/元</th></tr>
<tr><td></td><td></td><td></td><td></td><td></td><td></td></tr>
</table>

表 2. 6. 3　共、管、折三费分摊过渡表

树　种	人工费/元	人工分摊百分比/%	共同生产费/元	管理费/元	折旧费/元

（八）编制苗圃规划设计说明书

根据外业调查和内业设计情况，撰写苗圃规划设计说明书。内容包括：当地的自然条件，规划设计的意义、原则和依据，规划设计的指导思想和目标，规划设计的特点和可行性分析。

（九）编制苗圃规划设计文件

将编写的苗圃规划设计说明书和设计图纸按设计内容的顺序装订成设计文件。

四、作业与考核

（一）考核方式

考核方式包括过程考核和结果考核两部分。其中，过程考核占 30%，结果考核占 70%。

（二）考核成果

实习结束后每人按照大纲编制一份苗圃规划设计书。

（三）成绩评定

根据学生的学习态度及纪律评定其过程考核成绩；根据实验报告评定其结果考核成绩。通过综合评分分为优秀（85~100）、良好（70~84）、合格（60~69）、不合格（<60）四个级别。

第三篇　森林营造

实习一　地带性森林类型参观

一、目的与意义

地带性森林景观可反映地带性气候、土壤、立地、植被等特征，通过对森林景观的参观学习，要求学生多看、多问、多想、多听，感悟森林氛围和森林功能，掌握不同起源、林龄、郁闭度、树种、组成等森林的差异性特征，进一步加深对森林的感性认识。

二、材料与工具

(一) 材料

不同起源、林龄、树种、密度等具有地带性特征的森林。

(二) 工具

记录本、胸径尺、测高器、摄影设备、铁锹等。

三、内容与方法

(一) 主要森林类型的感性认识

通过自我森林感悟，增强对森林功能的认识，了解森林教育的重要性，思考“绿水青山就是金山银山”生态理念的重要性，重新加深对林学专业的工作内容及前景的认识。

(二) 主要森林类型差异性特征

通过对不同的森林类型的参观学习，了解人工林和天然林的差异、实生林和萌生林的差异、纯林和混交林的差异、不同林龄森林的差异和不同建群树种的差异等。

(三) 主要森林类型培育历史

通过林场科技工作者和指导老师的介绍，了解不同森林的发生原因、形成历史、生长状况、经营措施、立地条件、发展前景等。

四、作业与考核

(一) 考核方式

考核方式包括过程考核和结果考核两部分。其中，过程考核占 50%，结果考核占 50%。

(二) 考核成果

每位同学填写森林调查记录表(表 3.1.1)。

每位同学选择一种森林类型，提交一份关于该森林发生过程、主要特征的实习报告。

表 3.1.1　××林场森林调查记录表

编号	林场	地点	立地条件			造林历史			树种	林龄	生长状况		调查日期
			地形	植被	土壤	整地	造林	抚育			胸径/cm	树高/m	

记录者：　　　　　　　　　　　　　　　　　　　　调查日期：

(三)成绩评定

根据学生的外业调查态度、调查方案制订能力、实习纪律等评定其实习过程成绩；根据立地类型划分结果和调查过程等来评定其实习结果成绩。通过综合评分分为优秀(85~100)、良好(70~84)、合格(60~69)、不合格(<60)四个级别。

实习二　树种适地适树评价

一、目的与意义

适地适树是根据水热条件和树种的生态学特性，选择与造林地立地条件相适应的树种，是造林必须遵循的最基本原则。本实习通过对不同环境条件下同一造林树种的生长情况和同一环境条件下不同造林树种生长情况的调查，要求学生了解不同树种的生态特性，加深林木生长与立地环境关系的理解，认识造林工作中适地适树的重要性。

二、材料与工具

（一）材料

同一树种生长在不同立地条件下的林分，同一立地条件下生长着的不同树种。

（二）工具

铁锹、铁镐、土壤刀、皮尺、钢卷尺、小刀、pH 试剂、土钻、标签、测坡器、罗盘仪、标杆、经纬仪、测高器、胸径尺、生长锥、角规、游标卡尺、方格纸、铅笔、橡皮、记录表格、记载板等。

三、内容和方法

（一）路线调查

调查路线应通过不同的立地条件与不同树种的所有类型的林地。从地形条件、土壤条件、水文条件等方面选择不同立地条件。选择几种典型的乡土树种进行调查。

（二）立地条件调查

①土壤条件：土壤类型、土层厚度、土壤质地、母质母岩、石砾含量、pH 值等。

②地形条件：海拔、坡向、坡位、坡度等。

③水分条件：地下水文条件及土壤水湿、潮湿、潮润、干旱等情况。

④植被条件：优势植物种类，特别是指示种、生长情况及盖度等。

（三）树木生长调查

针对不同树种，分径级调查。每个径级选 3~5 个有代表性的植株，测定年龄、胸径、树高、枝下高、冠幅和郁闭度等，并评定生长势级别和其他异常情况。

树木生长势可分为 3 级：

①优良：顶端优势明显，生长健壮。

②中等：顶端优势较明显，生长一般。

③较差：顶端优势不明显，枯梢、未老先衰或濒临死亡状态。

四、作业与考核

(一)考核方式

考核方式包括过程考核和结果考核两部分。其中，过程考核占 30%，结果考核占 70%。

(二)考核成果

以小组为单元进行外业调查和作业提交：

统计并评价不同立地条件下同一造林树种的生长和发育状况的差异；

统计并评价同一立地条件下不同造林树种的生长和发育状况的差异；

结合前两个数据和问题进行分析，论述在林业生产中如何做到适地适树。

(三)成绩评定

根据学生的外业调查态度、立地和林业调查方案制订能力、实习纪律等评定其实习过程成绩；根据适地适树相关问题分析情况等来评定其实习结果成绩。通过综合评分分为优秀(85~100)、良好(70~84)、合格(60~69)、不合格(<60)四个级别。

实习三　小班区划和立地类型划分

一、目的与意义

小班是调查规划的基本单位，小班不仅是进行单位调查、计算统计面积的基本单位，而且还是进行规划设计、造林作业及抚育作业的基本单位。通过小班区划对立地条件进行分析，特别是选择找出影响林木生长的主导因子，在此基础上进行立地分类；对造林树种的生物学特性、生态学特性及林学特性有透彻的了解；通过对立地条件与造林树种进行相互选择以达到适地适树。

通过实习，要求学生了解林业及林业生产的特点，掌握小班区划的方法、主导因子确定的方法，了解森林立地类型分类系统，掌握用非生物立地因子划分立地条件类型的方法。

二、材料与工具

(一) 工作底图

1∶10 000 地形图及 GPS。

(二) 植被测定工具

罗盘、标杆、测绳、围尺、测高器、角规、坐标纸、皮尺、各种林木测量用表。

(三) 土壤测定工具

多功能铁锹、土壤刀、土壤袋、土壤筛、环刀、铝盒、pH 试剂、小瓷板、地质锤、土钻、标签等。

(四) 其他

方格纸、铅笔、橡皮、记录表格、记载板。

三、内容与方法

(一) 明确任务

了解造林作业区面积大小、地理位置、林业相关方针政策。

(二) 收集资料

收集林业经营的历史资料，如林业区划图、地形图、土壤类型图、植被分布图、乡土造林树种及其特性(生物学特性、生态学特性与林学特性)；气象、地形、土壤、地质、水文、病虫害及森林火灾历史资料。

(三) 实地踏查

1. 踏查前准备

确定造林作业区域范围及界线，并在地形图上进行标注。

2. 选择踏查路线

在地形图上选择一至多条踏查路线，踏查路线选择要通过造林区内所有不同的立地条件，在满足上述条件下，踏查路线要最短。

3. 踏查调查项目

通过踏查了解造林区域内气候、地貌、土壤、母岩、植被、森林经营概况、病虫害、社会经济状况；掌握造林区域内立地因子的变化规律；初步确定立地条件类型划分的依据。了解并记载如下内容：

①造林区域地类特征：造林区域地类划分为荒山荒地、农耕地、采伐迹地、火烧迹地、已局部更新的造林地、林冠下造林地、采矿迹地等。

②造林区域植被特征：指示植物、树种组成及灌木和杂草种类、频度、盖度等。

③造林区域气候与小气候特征：分析记载造林地光照条件、降水特征、温度与湿度条件等，以及灾害性天气。

④造林区域地形特征：海拔、坡度、坡向、坡位、坡形等。

⑤造林区域土壤特征：土壤种类、土层厚度、土壤结构、土壤养分状况、土壤腐殖质、土壤酸度、石砾含量、土壤侵蚀状况、土壤含盐量、成土母质和母岩等。

⑥造林区域地下水特征：地下水位动态变化情况、地下水矿化度等。

(四) 确定主导因子

主导因子确定是划分小班和立地类型的关键所在。在对造林区域实地踏查的基础上，依据造林区域中立地条件与面积大小，逐个分析环境因子对植物所必需的生活因子的影响程度，确定立地条件类型划分的主导因子，对生活因子影响大的，就是主导因子。可以为一至多个。

(五) 小班区划

1. 小班区划依据

小班区划一般考虑从以下几个方面进行划分：地类、土地权属、立地条件、经营目标、森林类别、林种、生态公益林的保护等级、起源、树种组成和龄组等。

2. 小班核定面积

小班面积确定依据林种、外业调查底图比例尺和经营集约度而定。经济林最小面积为 0.4 hm^2；用材林、能源林及生态公益林小班最小面积为 1 hm^2；平原、村庄片林为 0.4 hm^2。一般商品林最大面积不超过 15 hm^2，公益林最大面积原则上不超过 35 hm^2。辅助生产林地小班、非林地小班最大面积不限。

3. 小班区划方法

(1) 利用航片进行小班区划

①林班线的转绘：找出准备区划林班的近期拍摄的航片(不超过 2 年)，在立体镜下根据林相图上的林班线(多为分水岭、河流、道路)判读林班线的走向和部位，用专用铅笔勾

绘出来，并在航片背面用普通铅笔注明林班号及相邻的林班号、地名，以便现地区划调查时使用。航片上的林班线应与林相图上的林班线走向一致。由于林相图(1∶25 000)与航片比例尺可能不完全相同，加上航片位移，两者形状可能有差异，但林班线的相应部位必须一致。

②小班轮廓判读：在立体镜下对一个林班范围内的土地类别及林分特征进行轮廓判读。初步勾绘小班的轮廓，用专用铅笔勾绘小班线。这只是初步划分，还要到现地实际观察后再最后确定小班界，或直接到现地调绘。有林地根据小班条件，区划为不同小班。在立体镜下判读后，虽然可以初步区划小班，但有些情况下还要到现地才能最后确定小班的界线。

③现地确定小班界：持室内判读初步区划小班的航片，到现地找林班线及相应地物标志，同时进行航片调绘，确定位置后，找到林班桩。沿林班线或专设的调查线穿过不同土地类别和不同林分，按小班划分条件逐一对照初步勾绘的小班界，有出入时加以修正。

(2)利用地形图区划

①定向定位：采用由测绘部门最新绘制的比例尺为1∶10 000到1∶25 000的地形图到现地进行勾绘，选择与图上相对应的具有方位意义的3~5个明显实地物点，然后转动地图，或利用指北针，使图上地物与实地地物位置关系一致，此时图上的方位与实地方位相符合。根据实地和图上比较明显的等高线，判读观察者所在位置。

②区划调绘：最好选择既能统观小班全貌，又能看清地类界线轮廓的地点进行对坡勾绘，依据小班区划的条件和依据，将小班界线勾画在地形图上，将造林作业区划分成若干小班，并进行编号。

4. 小班区划注意事项

①注意与原有界线的衔接及处理，造林作业区与原有界线重合区域一般沿用原有小班线，为了实习需要可重新区划。

②乔木树种小班划分以地形为主，结合林相；经济树种、竹类的小班划分，以林相为主，结合地形；宜林地则主要以地形来划分。

③用材、能源乔木树种商品林与乔木树种公益林必须划开，不宜在同一小班。

④同一小班朝向基本一致，站在一点基本上能看清小班全貌。

⑤山坡、平地小班应分开，林业用地、农田(地)小班尽量划开。

⑥划小班区域的局部非林地，如果不单独划小班记载，也不并入相邻小班作细班记载，图上应圈出该非林地，为面积求算工作提供方便。

(六)立地类型划分

1. 立地类型划分依据

根据踏查及土壤植被调查结果，在小班区划的基础上，再次分析该区域内影响林木生长发育的主导因子，并以此作为划分立地类型的依据，主导因子可以是一至多个。如果为多个主导因子，则要形成一个立地条件分类体系。

2. 主导因子及其等级划分

对入选的各个主导因子进行等级划分。划分依据参照表3.3.1。

表 3.3.1　××造林作业区主导因子构成示例

地形因子		土层厚度/cm	土地利用种类
海拔/m	坡向		
低山丘陵区 (海拔 100~1000) 中山区 (海拔 1000~2000)	阴坡 阳坡	薄土层(<40) 中土层(40~80) 厚土层(>80)	山地 阶地 河滩地

(七)编制立地类型表

依据主导因子，进行立地类型的划分。立地分类因子应该具备稳定、可靠及易于测定的特点。如果造林地面积足够大，可以根据《中国森林立地分类》的相关原则，按六级分类系统划分；较小面积，一般按照 2~3 个以上主导因子直接命名即可，如阴坡—坡下—厚土层立地类型，方法简单，易于掌握，应用广泛。

四、作业与考核

(一)考核方式

考核方式包括过程考核和结果考核两部分，其中，过程考核占 30%，结果考核占 70%。

(二)考核成果

以小组为单元，提交一份造林作业区域小班区划图(图 3.3.1)和××立地类型划分表(表 3.3.2)。

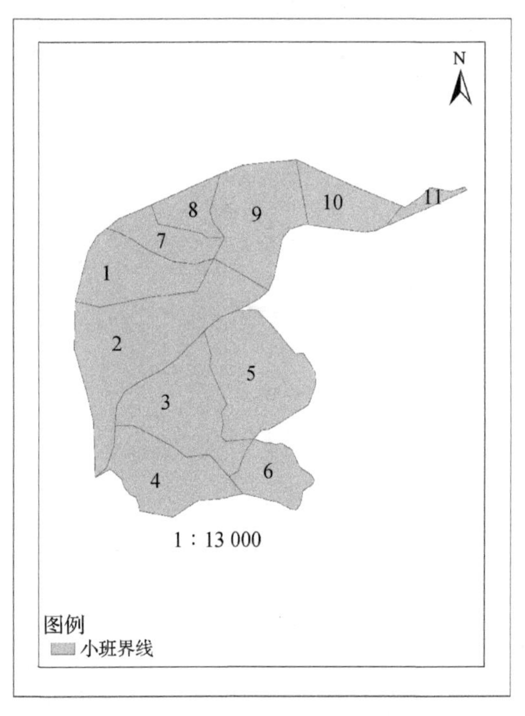

图 3.3.1　造林小班区划图

表 3.3.2　××造林作业区立地类型表示例

土地利用种类	海拔/m	坡向	土层厚度/cm	立地类型名称	立地类型代号
山地	低山丘陵区	阴坡	厚层土	低山丘陵阴坡厚层土类型	SF1
			中层土	低山丘陵阴坡中层土类型	SF2
			薄层土	低山丘陵阴坡薄层土类型	SF3
		阳坡	厚层土	低山丘陵阳坡厚层土类型	SF4
			中层土	低山丘陵阳坡中层土类型	SF5
			薄层土	低山丘陵阳坡薄层土类型	SF6
	中山区	阴坡	薄层土	中山阴坡薄层土类型	SF7
			中层土	中山阴坡中层土类型	SF8
		阳坡	薄层土	中山阳坡薄层土类型	SF9
			中层土	中山阳坡中层土类型	SF10
阶地	—	—	—	低山丘陵阶地类型	SF11
河滩地	—	—	—	河滩地类型	SF12

(三)成绩评定

根据学生的外业调查态度、调查方案制订能力、实习纪律等评定其实习过程成绩；根据立地类型划分结果和调查过程等来评定其实习结果成绩。通过综合评分分为优秀(85~100)、良好(70~84)、合格(60~69)、不合格(<60)四个级别。

实习四　立地质量评价

一、目的与意义

立地条件是指造林地上凡是与森林生长发育有关的自然环境因子的综合，简称立地，包括气候、土壤、地形、水文、生物及人为影响。立地质量是指某一立地上既定森林或其他植被类型的生产潜力。评价立地质量，对于选择有生产力的造林树种、制定适宜的育林技术措施，以及预估森林生产力及木材产量都有重要意义。

通过实习，要求学生了解立地质量评价的过程，掌握立地因子数量化评价方法；了解立地因子数量化得分表的编制和用法，加深学生对森林立地等课程内容的理解与消化。

二、材料与工具

(一)材料

选择不同立地条件的林分，最好是以不同坡向、海拔、坡位的各龄人工纯林作为实验林分，以总数量不少于 20 块为宜。

(二)工具

胸径尺、测高器、测绳、皮尺、罗盘仪、记录夹、数据本、铅笔、铁锹等。

三、内容与方法

本次实习采用的数量化方法是目前使用最多的立地质量评价方法之一。

(一)标准地调查

在选定的待测林分中，设置临时调查样地，每个样地选择 5 株优势木，调查优势木的平均高、年龄、胸径，以及易于测量的环境因子，如坡向、坡位、坡度、海拔等，用土壤剖面法测定土层厚度、有机质厚度等。

(二)立地因子项目及等级

选定主要立地因子进行分级，将立地因子中的定性变量转化为定量变量，区分项目与类目(表 3.4.1)。

表 3.4.1　立地因子类别、级别

项　目	编　号	类目(级别)			备　注
		1	2	3	
坡向	X_1	阴坡	阳坡	半阴半阳	
坡位	X_2	坡下	坡中	坡上	

（续）

项　目	编　号	类目(级别)			备　注
		1	2	3	
土壤质地	X_3	壤土	黏土	砂土	
土层厚度	X_4	≥60	30~60	≤30	

(三)立地因子赋值

按照数量化理论Ⅰ的要求，将不同立地条件和对应优势木平均高编入反映表，将各立地因子作为项目，其各自不同的分级作为相应的类目。按照数量化记值原则定义对标准地进行记值。当第 j 项目第 k 类目被选取时记值为1，否则记值为0。以标准地优势木平均高为因变量，以环境因子和年龄为自变量，建立数量化理论Ⅰ模型：

$$y_i = \sum_{j=1}^{m} \sum_{k=1}^{i} \beta_{jk} x_i(j,\ k) + e_i$$

式中　y_i——因变量，第 i 块标准地的优势平均高；

β_{jk}——j 项目 k 类目的得分值；

A——第 i 次抽样中的随机误差；

$x_{i(j,k)}$——第 i 个样本 j 个项目第 k 类目时的反映系数。

$$x_{i(j,k)} = \begin{cases} i & (\text{第 } i \text{ 个样本第 } j \text{ 个项目第 } k \text{ 类目时}) \\ 0 & (\text{否}) \end{cases}$$。

各项目的得分值、得分范围、偏相关系数及复相关系数见表3.4.2。

表3.4.2　各立地因子数量化得分

项　目	类　目	得　分	偏相关系数	t 检验	
坡　向	阴　坡				
	阳　坡				
	半阴半阳坡				
坡　位	坡　下				
	坡　中				
	坡　上				
土壤质地	壤　土				
	黏　土				
	砂　土				
土层厚度/cm	≥60				
	30~60				
	≤30				

(四)建立回归方程

通过统计软件(SPSS、SAS、R)建立立地指数(y)与立地因子(x)之间的回归关系，公式如下：

$$y = ax_1 + bx_2 + cx_3 + dx_4 + c$$

(五)立地质量评价

立地质量评价等级的划分是根据立地质量预测方程分别不同标准样地计算立地质量得分值。按照分级标准分为好、中、差三等级。

即:

若 $y \geqslant \bar{y}+\Delta s$，则评价为好；若 $\bar{y}+\Delta s > y \geqslant \bar{y}-\Delta s$，则评价为中；若 $y < \bar{y}-\Delta s$，则评价为差。

式中　y——被评价标准样地的得分值；

$\bar{y}$——各个标准样地得分平均值；

Δs——标准差。

四、作业与考核

(一)考核方式

考核方式包括过程考核和结果考核两部分，其中，过程考核占30%，结果考核占70%。

(二)考核成果

以小组为单元，提交一份立地指数表；面对面汇报立地质量评价过程。

(三)成绩评定

根据学生的外业调查态度、立地质量评价过程掌握程度、实习纪律等评定其实习过程成绩；根据立地指数表来评定其实习结果成绩。通过综合评分分为优秀(85~100)、良好(70~84)、合格(60~69)、不合格(<60)四个级别。

实习五　典型整地技术

一、目的与意义

整地是造林前清理有碍于苗木生长的地被物或采伐剩余物、火烧剩余物，结合蓄水保墒需要，耕翻土壤和准备栽植穴的作业过程。通过整地实习，要求学生掌握当地常用的典型整地方法及其操作技术；同时，要扩展了解机械整地的应用。

二、场地和工具

(一) 场地

待造林地现场。

(二) 工具

铁锹、镐、米尺、罗盘仪等。

三、内容与方法

(一) 待造林地现场调查

造林地种类多、面积大、分布广，自然条件复杂，决定了造林整地任务的艰巨性和方法的多样性。要对造林现场的采伐剩余物情况、灌木分布情况、土壤情况等进行调查，以确定是否需要造林地清理和选取合理的整地方式。

(二) 典型整地措施

1. 整地方式选择

根据造林树种的生物学特性，造林立地的坡度、海拔、土层厚度，以及当地气候条件而定，常用的整地方式有鱼鳞坑整地、水平阶整地和块状整地等。

2. 整地操作技术

(1) 定点

根据造林规划设计的株行距进行定点，定点可用皮尺、测绳等测量工具，平原立地定点要求规整，山地立地要求沿等高线进行定点布设。复杂立地情况下则因地制宜定点。

(2) 植被清理

对采伐剩余物和影响造林作业的灌木进行带状或全面清理，采伐剩余物或者灌草不多的造林地可免去该环节。

(3) 耕翻土壤

把表土放在上沿，按照规格整理后再回填到栽植穴底部。把底层心土翻松，将其中石块和心土构筑土埂，加以镇压使之牢固；按照整地方式具体规格进行挖掘，可采用铁镐、铁锹等工具，根据海拔、交通情况可使用机械整地。

(4)整地规格

穴状(块状)整地是一种简易的局部整地，一般为直径 0.3~0.6 m 的圆形或者方形，穴面与原坡面持平或稍向内倾斜(图 3.5.1、图 3.5.2)。

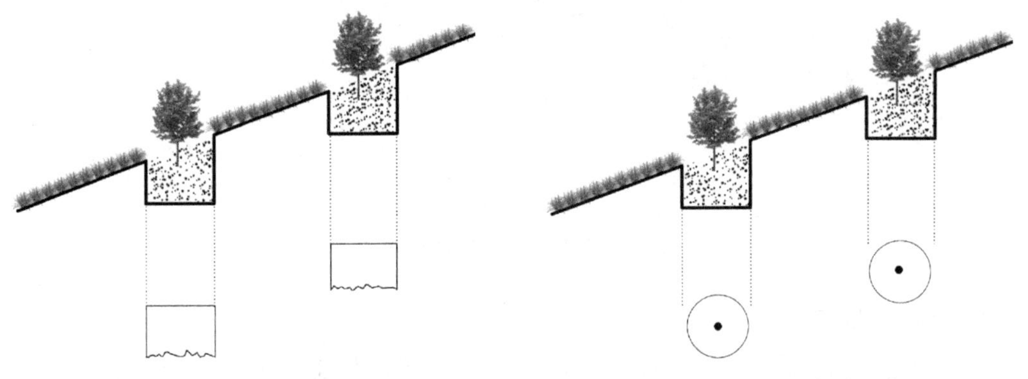

图 3.5.1　块状整地示意　　图 3.5.2　穴状整地示意

鱼鳞坑整地为近似半月形坑穴，外高内低，长径沿等高线方向展开，一般“品”字形排列，形如鱼鳞。长径一般 1.0~1.5 m，短径略小于长径，一般 0.5~1.0 m。适用于干旱、半干旱地区的坡地以及需要蓄水保土的石质山地的造林地整地，包括黄土高原地区(图 3.5.3)。

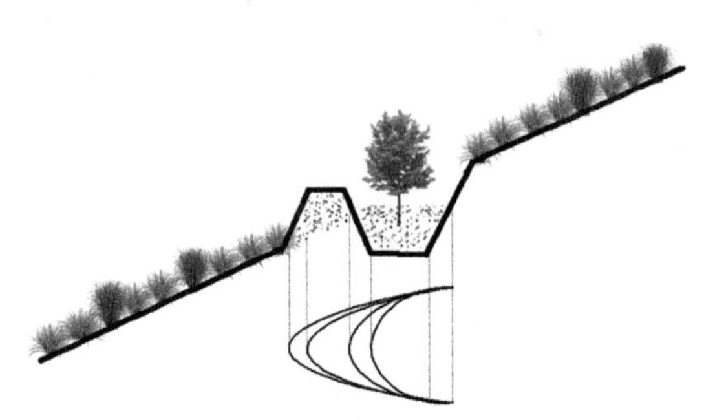

图 3.5.3　鱼鳞坑整地示意

水平阶整地是典型的带状整地，阶面水平或稍向内倾斜，阶宽因地而异，石质及土石山地可为 0.5~0.6 m，黄土地区可为 1.5 m，阶长一般不宜超过 10 m，过长时需要横设阻水带，一般适用于土层较厚的缓坡(图 3.5.4)。

(5)整地季节

一般为提前整地，在雨季前进行。对于风沙危害严重区域随整随造。

四、作业与考核

(一)考核方式

考核方式包括过程考核和结果考核两部分。其中，过程考核占 50%，结果考核占 50%。

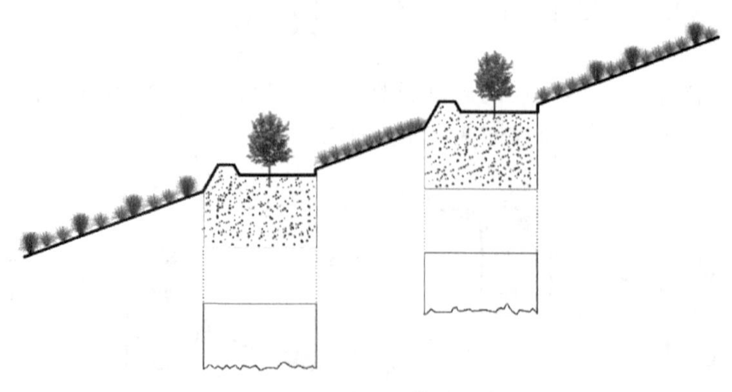

图 3.5.4 水平阶整地示意

(二) 考核成果

以小组为单元，提交一套鱼鳞坑整地或穴状整地现场作业，并描述主要整地方式的基本特征。

(三) 成绩评定

根据学生的外业调查态度、整地实操能力、实习纪律等评定其实习过程成绩；通过面对面汇报实习感受和主要整地方式的主要特征来评定其实习结果成绩。通过综合评分分为优秀(85~100)、良好(70~84)、合格(60~69)、不合格(<60)四个级别。

实习六　植苗造林技术

一、目的与意义

植苗造林是应用最广泛的造林方法，苗木的栽植技术直接影响造林成活率和幼苗的生长发育，是造林成活、成林、成材的关键环节。通过实习，要求学生掌握裸根苗、容器苗植苗造林技术规范和操作要领，为培育造林成活率高、生长健壮的优质人工林打下基础。

二、材料与工具

（一）材料

主要乡土造林树种裸根苗、容器苗若干。

（二）工具

铁锹、铁镐、栽植锹、罗盘仪、自喷漆等。

三、内容与方法

（一）苗木运输

经过起苗和包装的栽植苗木运送到造林地。苗木在运输过程中要注意保湿、苗木包装不松散、苗木不受机械伤害等。

（二）苗木假植

最好随起随造，不能及时栽植的，要挖沟进行假植，根系上要覆湿土、踏实，必要时可适量浇水。

（三）苗木处理

首先检查苗木，剔除杂苗、劣苗、死苗和受到伤害的苗木。其次，栽植前对苗木进行蘸泥浆。对于容器苗要注意包装的破损和土团的松散情况。

（四）栽植

裸根苗一般采用穴植法进行栽植，栽植时，采用“三埋两踩一提苗”的方法栽植苗木。先在已定的栽植点上挖穴，穴的大小和深浅应保证苗木根系舒展，并保持一定的栽植深度。放苗以前应该根据主根深度先将穴底填适量的表土踩实，然后将苗木放入穴内，比要求的栽植深度要深一些，理好根系，覆以湿润的表土，随覆随压实，当填土 2/3 时，应轻轻提苗，以便细土填满根间空隙，使根系与土壤紧密接触，然后再覆土至坑满，用脚踏实，其上再覆一层浮土。栽植的基本要求是苗根舒展，栽植深度合适，覆土紧实，表面疏松。南方多雨地区苗木栽植后要进行根际培土成凸形，防止风拔和积水。北方地区填土可低于原土，以利于积存水分。栽植时可由专人挖坑、专人植苗。在栽植过程中注意苗木的保湿。

容器苗在栽植过程中，对于 1 年内可自然降解的容器苗可带容器栽植，否则要去掉容器后栽植。在栽植穴内挖出容器大小的坑穴，穴底部平整，将容器苗轻放于穴内，培土扶正踏实，培土面应覆盖原容器土面，并整理出集水穴面(图 3. 6. 1)。栽植过程中注意外围踏实，不透风。

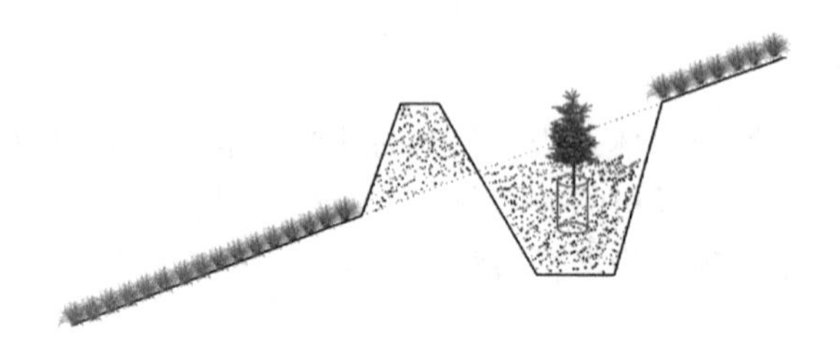

图 3. 6. 1　容器苗栽植示意

四、作业与考核

(一) 考核方式

考核方式包括过程考核和结果考核两部分。其中，过程考核占 50%，结果考核占 50%。

(二) 考核成果

通过植苗造林过程的观察和实践，完成以下问题：

1. 提高栽植成活率的关键是什么?
2. 栽植穴的规格和哪些因素有关?

(三) 成绩评定

根据学生的外业调查态度、整地实操能力、实习纪律等评定其实习过程成绩；通过面对面汇报实习感受和考核作业来评定其实习结果成绩。通过综合评分分为优秀(85～100)、良好(70～84)、合格(60～69)、不合格(<60)四个级别。

实习七　大树移植技术

一、目的与意义

大树移植能在短时间内改变城市森林景观，并且对在建设工程中需要改变原生存位置的古老、珍稀、奇特树种保护发挥着重要作用。由于大树树龄大、根深、冠大、水分蒸发等诸多原因，给大树移植成活带来很大困难。使学生了解如何根据树种、特殊措施、环境、运输、栽植方式提高移植成活率，切实有效提高学生基础理论及综合运用能力。通过该实习，要求学生掌握大树移植的时间选择、移植林木的水分收支平衡理论及相应的技术措施、移栽断根、起树包装、栽植及后期管护措施等，掌握大树移植的技术规范，为提高大苗移植成活率，促进移植大苗生长打下基础。

二、材料与工具

(一) 材料

主要乡土树种大苗若干。

(二) 工具

铁锹、铁镐、栽植锹、草绳、枝剪、生根剂、自喷漆等。

三、内容与方法

(一) 移植前的准备和处理

根据栽植地的立地条件和设计要求选择合适规格的树木，选好后在胸径处自喷漆作标记，以便移栽后按阴阳面移植。

切根(围根)：最好移植前 1~3 年进行，分期切断待移植树木的主要根系，促发须根，便于起掘和栽植，利于成活(图 3.7.1)。

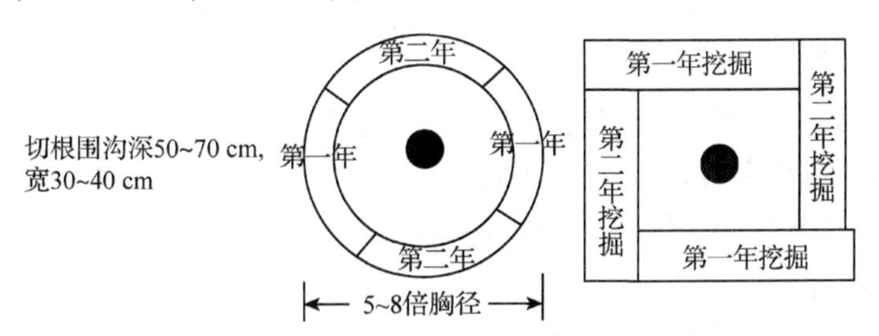

图 3.7.1　大树移植前处理

(二) 起苗运输

起苗最好选在林木休眠季节，如遇夏季气温高，起苗最好选在阴雨天或上午 10:00 前、下午 16:00 以后进行。起苗前对树体喷蒸腾抑制剂，土球直径要足够大(一般土球直径为胸径的 6~8 倍)。挖土球后进行土球修整，然后用草绳包扎。

苗木吊装过程时间尽量短，运输应避开中午高温时间，最好选在阴天或晚上运输，运输时树体用湿草帘覆盖，苗木运到现场后应及时栽植。

(三) 苗木修剪

栽植前应修剪，修剪后用伤口涂抹剂，以减少植株叶面呼吸和蒸腾作用。通过整形修剪，提高苗木成活率和景观效果。

(四) 根系处理

对于外露的大根、劈裂根、折损根系用枝剪进行修剪，剪口要平滑、无毛茬。对根系喷施生根粉剂，将全部外露根系喷到。

(五) 喷施树木保湿剂

苗木修剪后，对树冠喷保湿剂和广谱性杀菌剂的混合剂。

(六) 草绳缠干

为减少树体水分蒸腾量，可通过草绳缠干来减少水分散失。一般自基部缠干至分枝点，或者分枝点以上 1 m 至多主枝总高度的 1/2 处，以减少树体水分蒸发，提高苗木成活率。草绳缠干后视天气情况对草绳喷水，可起到保湿的作用。

(七) 苗木种植

栽植树木以阴雨天或傍晚为宜，土球入穴前踏实穴底松土，将土球放稳，树干直立。栽植深度与原栽植线平齐，树木栽植后土球表面略高出地面 5~10 cm，方向与原生长方向一致，用三角支撑保护树木，加强浇水和排水管理，必要时搭设遮阳网。

四、作业与考核

(一) 考核方式

考核方式包括过程考核和结果考核两部分。其中，过程考核占 60%，结果考核占 40%。

(二) 考核成果

通过大苗移植过程水分平衡理论与实践，完成以下问题：

提高大苗移植成活率的关键因素有哪些？

日常所见大苗移植中出现的主要问题体现在哪些方面？

(三) 成绩评定

根据学生的外业实践及记录、实操能力、实习纪律等评定其实习过程成绩；通过面对面汇报实习感受和考核作业来评定其实习结果成绩。通过综合评分分为优秀(85~100)、良好(70~84)、合格(60~69)、不合格(<60)四个级别。

实习八　造林调查规划设计

一、目的与意义

造林规划设计是根据造林地区的自然、经济和社会条件，在规划林业用地范围内，对宜林荒山荒地、采伐迹地、林冠下空地及其他绿化用地进行调查分析，对造林工作作出全面部署并编制相关实施方案的一项技术性工作。造林规划设计是造林的基础工作，是根据自然规律和经济规律，在对造林地进行外业调查基础上，编制科学、实用的整套造林规划和造林技术设计方案。

通过造林规划设计的编制，可使学生了解林业在国土空间规划、生态环境建设中的作用，锻炼综合运用 GIS、CAD、PS 相关工具的能力，掌握造林调查规划设计方法步骤及关键基础，具备编写造林调查规划设计说明书的能力，培养学生分析、解决问题的能力。

二、材料与工具

(一) 定位工具

地形图(1∶10 000 或 1∶25 000)、GPS、二类林业调查数据(当地林地保护利用规划数据库)等。

(二) 植被测定工具

罗盘仪、标杆、测绳、皮尺、钢尺、胸径尺、测高器等。

(三) 土壤测定工具

多功能铁锹、土壤刀、环刀、铝盒、土壤袋、标签等。

(四) 编写用具

笔记本电脑、米格纸、其他相关调查设计记录用表等。

(五) 其他参考性资料

造林作业区气象、水文、土壤、植被等资料，造林作业区的劳动力、工资水平、交通运输、农林业生产情况等。

三、内容与方法

(一) 前期准备阶段

1. 明确任务

明确本次实习所安排任务的面积、地理位置坐标、时间和相关技术要求等。

2. 收集资料

主要包括地形图、林业区划图、植被分布图、遥感影像图等图件和造林区域的乡土树种、自然概况、劳动力概况、主要收入来源、工资水平、交通情况、主要苗木价格等。

3. 工具配备

主要包括 GPS、胸径尺、测高器、罗盘仪、标杆、多功能铁锹、土壤刀、土壤袋、环刀、土壤盒、记录纸等相关外业调查用具和安装有 ArcMap、PhotoShop、AutoCAD 的笔记本电脑。

4. 人员组织

按照班级、男女学生人数进行人员配备，组长负责制，一般 5~7 人为一组。

(二)外业调查阶段

1. 造林作业区踏查

①确定踏查路线，根据上级或老师下达的造林作业区坐标、范围，结合地形图、遥感影像图等，确定踏查路线，要求通过造林作业区内所有不同立地条件。

②核实边界范围，并在地形图上进行标注。

③初步确定造林作业区的土地种类、造林地种类、主要地形条件、地表植被状况、可能的主导因子等。

2. 小班区划

小班是准确标示到图上的基本区划单位，是森林资源二类调查、统计和经营管理的基本单位。小班划分宜采用自然区划方法，依据山脊线、山谷线、地类、经营目标等将造林区域进行合理区划，以便于造林设计和操作。详细过程参照本篇“实习三　小班区划和立地类型划分”执行。

3. 小班调查

(1)地形因子调查

利用 GPS、地形图等调查各小班的海拔、坡向、坡位、坡度等，填写表 3. 8. 1。

(2)土壤因子调查

采用土壤剖面法调查小班的土壤类型、母岩、土壤结构、土壤质地、土层厚度、石砾含量、pH 值等，填写表 3. 8. 1。

(3)植被因子调查

①乔木层：采用标准地调查法，通过罗盘仪、标杆进行标准地布设，标准地面积 20 m×30 m，对标准地进行每木检尺，并选取标准木进行冠幅、树高的测定，拟合胸径与冠幅、树高的关系，填写表 3. 8. 2、表 3. 8. 3。

②灌草层：采用标准样方调查法，样方面积 5 m×5 m，草本样方面积 1 m×1 m，调查小班内优势灌草的种类、覆盖度等基本信息，填写表 3. 8. 1。根据小班调查结果，填写造林作业区现状调查表 3. 8. 4。

4. 立地类型划分

①根据造林作业区各小班调查结果，找出该区域内影响林木生长的主导因子作为划分立地类型的参考依据，主导因子可以是一个或多个。

②对各主导因子进行等级划分。

表 3.8.1　造林小班调查表

小班号	面积/亩	地形因子						土壤因子						植被因子								立地类型号	造林典型设计编号	备注
		经度/°	纬度/°	海拔/m	坡向	坡位	坡度/°	土壤类型	土层厚度/cm	土壤质地	石砾含量/%	pH值	紧实度	草本		灌木		散生木						
														总盖度/%	优势种	总盖度/%	优势种	树种	胸径/cm	树高/m	每亩株数			

调查者：　　　　　　　　　　　　　　　　　　　　调查日期：

表 3.8.2 标准地乔木层林木调查表

小班编号： 标准地编号： 标准地面积：

径阶/cm	胸径实测值/cm										平均/cm	总计
平均/cm												

标准地林木计算表

标准地株数	林分密度/(株/亩)	平均胸径/cm	平均树高/cm	平均断面积/cm^2
平均冠幅/m	平均冠长/m	平均单株材积/m^3	标准地材积/m^3	单位面积蓄积量/(m^3/hm^2)

调查者： 调查日期：

表 3.8.3　标准地样木树高和其他测树因子调查表

小班编号：　　　　　　　　　　标准地编号：　　　　　　　　　　标准地面积：

径阶/cm	标准木树高/冠幅实测值/m									平均/m	株数
平均/cm											

郁闭度调查

																						平均			

调查者：　　　　　　　　　　　　　　　　　　　　　　　　　　　　调查日期：

表 3.8.4 造林作业区现状调查表(正面)

<table>
<tr><td colspan="2">编号：</td><td colspan="2">日期：　年　月　日</td><td colspan="2">调查者：</td></tr>
<tr><td colspan="6">位置：　县(市、区)　乡镇(苏木、林场)　分场　村屯(工区)　林班　小班　细班</td></tr>
<tr><td colspan="2">地形图图幅号：</td><td colspan="2">比例尺：</td><td colspan="2">公里网范围：东 西 南 北</td></tr>
<tr><td colspan="6">作业区实测面积/hm^2：　(精确到 0.01)，相当于　亩(精确到 0.1)</td></tr>
<tr><td colspan="6">造林作业区立地特征：</td></tr>
<tr><td colspan="6">地貌类型：①山地阳坡；②山地阴坡；③山地脊部；④山地沟谷；⑤丘陵；⑥岗地；⑦阶地；⑧河漫滩；⑨平原；⑩其他(具体说明)</td></tr>
<tr><td>海拔/m：</td><td colspan="2">坡度/°：</td><td colspan="2">坡向：</td><td>坡位：</td></tr>
<tr><td colspan="6">地类：①宜林地；②湿润区沙地；③皆伐迹地；④火烧迹地；⑤疏林地；⑥低价低效林林地；⑦退耕还林地；⑧干旱区有灌溉条件的沙荒地；⑨道路河流沟渠两侧；⑩其他(沼泽地、滩涂、盐碱地等)</td></tr>
<tr><td colspan="6">母岩类型：①第四纪红色或黄色黏土类；②花岗岩类；③页岩、砂页岩类；④砂岩类；⑤紫色砂页岩类；⑥板岩、千纹岩等页岩变质岩类；⑦石灰岩类；⑧玄武岩类</td></tr>
<tr><td colspan="2">土壤类型：</td><td colspan="4">土层厚度/cm：A 层(　~　)；AB 层(　~　)；B 层(　~　)；C 层(　~　)</td></tr>
<tr><td>石砾含量/%：</td><td>pH 值：</td><td colspan="4">质地：①砂土；②砂壤土；③轻壤土；④中壤土；⑤重壤土；⑥黏土</td></tr>
<tr><td>植被类型：</td><td colspan="5">盖度/%：　总盖度(　　)；乔木层盖度(　　)；灌木层盖度(　　)；草本层盖度(　　)</td></tr>
<tr><td>主要植物种类中文名及学名</td><td>生活型</td><td>多度</td><td>盖度/%</td><td>分布状况</td><td>高度/cm</td></tr>
<tr><td></td><td></td><td></td><td></td><td></td><td></td></tr>
<tr><td></td><td></td><td></td><td></td><td></td><td></td></tr>
<tr><td></td><td></td><td></td><td></td><td></td><td></td></tr>
<tr><td></td><td></td><td></td><td></td><td></td><td></td></tr>
<tr><td></td><td></td><td></td><td></td><td></td><td></td></tr>
<tr><td colspan="6">小气候述评(光照、湿度、风害、寒害等)：</td></tr>
<tr><td colspan="6">需要保护的对象：</td></tr>
<tr><td colspan="6">树木生长状况及树种选择建议：</td></tr>
<tr><td colspan="6">社会、经济情况：</td></tr>
<tr><td colspan="6">总评价(立地条件好坏、利用现状、造林难易程度、有无水土流失风险、有无需要保护的对象、权属是否清楚、交通是否方便、退耕地的耕作制度与收成、适宜的树种、整地方式、栽植配置等)</td></tr>
</table>

表 3.8.4　造林作业区现状调查表(背面)

面积测量野账与略图：

填表说明：

1. 造林作业区立地特征中地貌类型、地类、母岩、土壤质地等项用选择法填写，选择其一，将前面的号码涂黑。其他各项填写实际数。

2. 植物种类的生活型分为：高大乔木、乔木、小乔木、灌木、小灌木(处于草本层)、半灌木(冬季部分枝条脱落)、多年生草本、一年生草本、藤本、附生、寄生。

3. 主要植物的多度记载采用目测法确定，用符号或用文字表示各级多度：soc. 为植株密集成背景化，cop3 为植株数量很多，cop2 为植株数量多，cop1 为植株尚多，sp 为数量少呈散生状，sol 为稀少，un 为个别。

4. 主要植物分布状况分为 5 级：均匀、密布、团状、片状、散生。

③编制立地类型表。如果造林地面积足够大，可以根据《中国森林立地分类》的相关原则，按六级分类系统划分；较小面积，一般按照 2~3 个以上主导因子直接命名即可，如阴坡—坡下—厚土层立地类型，方法简单，易于掌握，应用广泛。

相应图件、表格等具体内容参照本篇“实习三　小班区划和立地类型划分”执行。

(三) 内业设计阶段

造林技术设计是在造林地立地调查及造林地区林业生产经验总结的基础上，根据林种规划和造林主要树种的选择，制定出一套完整的造林技术措施，是造林施工和抚育管理的依据。造林技术设计的主要内容包括造林地整地、造林密度、造林树种组成、造林季节、造林方法和幼林抚育等。

造林技术设计前，应全面分析研究本地或邻近地区的人工造林主要技术环节、技术经济指标和经验教训，以供造林技术设计参考。《造林技术规程》(GB/T 15776—2016) 规定了我国不同地区的造林技术要求，可作为各地进行造林技术设计的主要依据。

根据造林作业区现状资料和立地质量，填写造林作业区现状调查表；同时，根据设计思路，编制如下相关造林设计内容。

1. 树种选择

依据造林作业区在中国林业区划中的作用和意义，根据地方的经济发展方向，合理设定区域林业的目的和目标。根据造林目标、树种的生物学特性和生态学特性，按照适地适树的原则，选择合适的造林树种，以满足造林目的需求。

2. 造林密度设计

造林密度应依据林种、树种和当地自然经济条件进行合理设计。一般防护林密度应大于用材林，速生树种密度应小于慢生树种，大冠幅树种及培育大径材材种的造林密度适当降低。

3. 树种组成设计

一般提倡营造混交林，即采用 2 个或 2 个以上的树种进行混交。比较小的林班可以设计成纯林，比较大的林班则设计成混交林。设计混交林时要结合林分的培育目的、经营条件、立地条件、树种的生物学特性和轮伐期等因素综合考虑。设计混交林还应该考虑采用适宜的混交方法、混交比例等，充分考虑主要树种和混交树种的种间关系，以使树种间相互促进。

4. 整地技术设计

整地方式要根据林种、树种不同，视造林地立地条件差异程度，因地制宜地设计。整地规格应根据苗木规格、造林方法、地形条件、植被和土壤状况等，结合水土流失情况等作出综合决定，以满足造林需要而又不浪费劳力为原则。一般进行提前整地，在土壤深厚肥沃、杂草不多的熟耕地和风沙地区可以随整随造。其他地区应该提前整地，一般是提前 1~2 个季节。

5. 造林方法设计

根据确定的林种和设计的造林树种，结合当地自然经济条件而定。植苗造林是应用最为广泛的造林方法，可参照《造林技术规程》执行，在设计中，对北方干旱山地、黄土丘陵区、沙荒、盐碱地以及平原区造林要根据适用造林树种区别对待。此外，满足机械造林或飞机播种造林条件的地方，可采取机械造林或飞机播种造林方式。

6. 造林时间设计

根据树种的生物学特性和因地制宜的原则，结合当地的气候条件综合考虑造林季节，主要以春季造林为主，也可选择雨季和秋季造林。

各地栽植的时间有一定差异，如华北低山和平原为3月上中旬至4月上旬；东北地区为4月下旬至5月中旬；西北黄土高原东南部为3月上旬至3月下旬，西北部为3月中旬至4月上旬；新疆北部为3月下旬至4月上旬，南部为3月。

7. 幼林抚育管理设计

幼林抚育管理设计主要包括幼林抚育、造林灌溉、防止鸟兽危害、补植补种等，其中主要是幼林抚育。具体措施有割灌、松土、扩穴、水肥管理等，在设计时可根据造林地区实际情况，有所侧重和突出，但要细化到发育年限和次数。

8. 典型造林设计

一般按照不同立地类型进行造林技术设计。典型设计是在立地调查、造林地调查、林种规划、树种选择、造林技术及幼林抚育、保护等各项措施调查分析的基础上，综合设计出的一整套造林技术方案。主要包括立地类型号、造林树种、造林密度、混交方式、配置方式、整地方式、造林方式、苗木类型等。除表格中的文字部分以外，还应附以直观的造林图式(表3.8.5)。

表3.8.5　造林作业典型设计表

<table>
<tr><th colspan="2">造林设计</th><th>作业设计图</th></tr>
<tr><td>立地类型号</td><td></td><td rowspan="13"></td></tr>
<tr><td>小班号</td><td></td></tr>
<tr><td>造林树种</td><td></td></tr>
<tr><td>株行距</td><td></td></tr>
<tr><td>混交方式</td><td></td></tr>
<tr><td>混交比例</td><td></td></tr>
<tr><td>配置方式</td><td></td></tr>
<tr><td>整地方式及规格</td><td></td></tr>
<tr><td>造林方式</td><td></td></tr>
<tr><td>苗木类型</td><td></td></tr>
<tr><td>苗木年龄</td><td></td></tr>
<tr><td>苗木等级</td><td></td></tr>
<tr><td>幼林抚育</td><td></td></tr>
</table>

注：作业设计图反映出设计的栽植配置平面、立面特征和树种组成、配置模式、株行距等信息，可借助CAD、PS等工具绘制。

9. 投资概算

按照苗木、劳力、物资和其他四大类分别计算，苗木费用按需苗量、苗木市场价格、运输成本测算，其他物资和劳力均依据当地市场平均价计算(表3.8.6至表3.8.10)。

①种苗需求量计算：按树种配置、造林密度、造林作业区面积，并考虑苗木损耗及补植量，计算各树种的需苗(种)量。

②其他工程量统计：按造林作业区面积和其他工作量，统计整地、造林、幼抚等作业所需的用工量和肥料、车辆等数量。

③施工进度设计：按季节、种苗、劳力、组织状况等做出施工进度安排。

表 3.8.6 种苗需求核算表

小 班	面积/亩	年 度			树 种						备 注
					油松	侧柏	落叶松	杨树	…	…	
合计											

核算者： 日期：

表 3.8.7 农用物资需求核算表

小 班	面积/亩	年 度			物 资						备 注
					物资 1	物资 2	物资 3	…	…	…	
合计											

核算者： 日期：

表 3.8.8 作业用工量核算表

小 班	面积/亩	年 度			整 地			造 林			幼 抚			备 注
					面积/亩	亩用工	总计	面积/亩	亩用工	总计	面积/亩	亩用工	总计	
合计														

核算者： 日期：

表 3.8.9　经费预算表

序　号	项　目	计算说明	数　量	单　位	计算指标	指标组成			经费预算/万元				
									种苗	物资	劳力	其他	合计
合计													

表 3.8.10　××年度造林作业设计一览表

作业区	小　班	面积/亩	苗　木			物　资			用工量			经费/万元	备　注
			树种 1	树种 2	…	物资 1	物资 2	…	整地	造林	幼抚		

核算者：　　　　　　　　　　　　　　　　　　　　　　　　　　　　日期：

10. 相关图件绘制

造林调查规划设计所涉及的图件主要包括栽植配置平面图、立面图等造林设计图和造林作业区地理位置图、遥感影像图、土地利用现状图、小班区划图、立地类型分布图等(部分图如图 3.8.1~3.8.3 所示)。其中，栽植配置平面图和立面图为必备图示，其他为可选图示。栽植配置图能够反映出树种组成、造林密度、配置方式、混交比例、株行距等信息；地理位置图可以反映出造林作业区的地理位置、主要交通、村庄距离等信息；遥感影像图可以更加直观的反映出造林作业区及周边的地面建筑物、村庄、植被状况等现实信息；土地利用现状图可以反映出造林作业区及周围土地的地类信息，如灌木林地、基本农

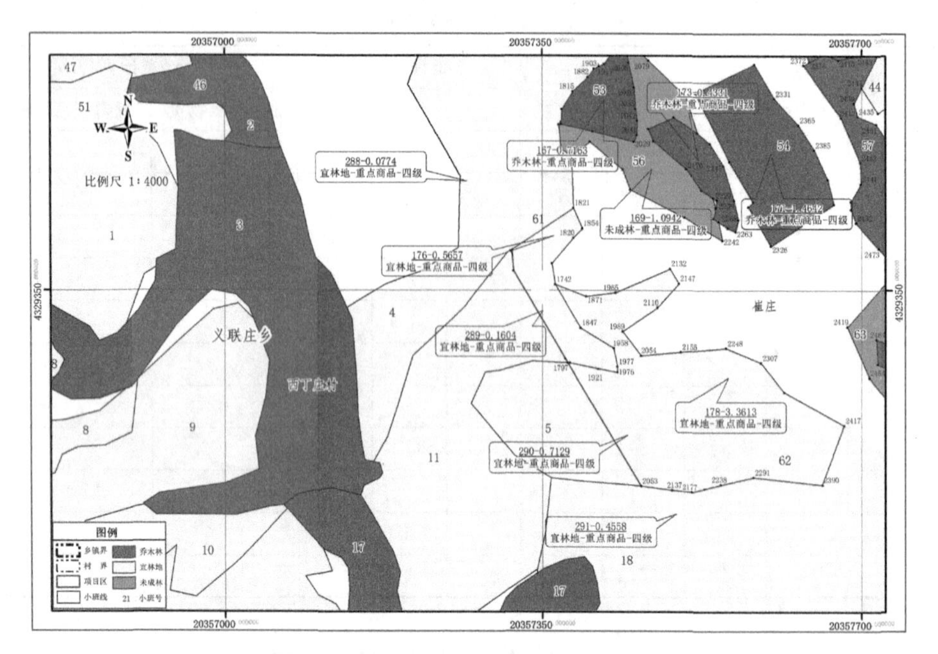

图 3.8.1　造林地土地利用现状图示例

图 3.8.2　造林地卫星遥感影像图示例

田等；小班区划图是对造林作业区按照固定地形线、造林类型、面积等所划分的小班图；立地类型分布图是在小班区划的基础上，对立地条件基本相似的小班进行整合所划分的立地类型分布情况。以上图件制作参照林业行业标准《林业地图图式》(LY/T1821—2009)执

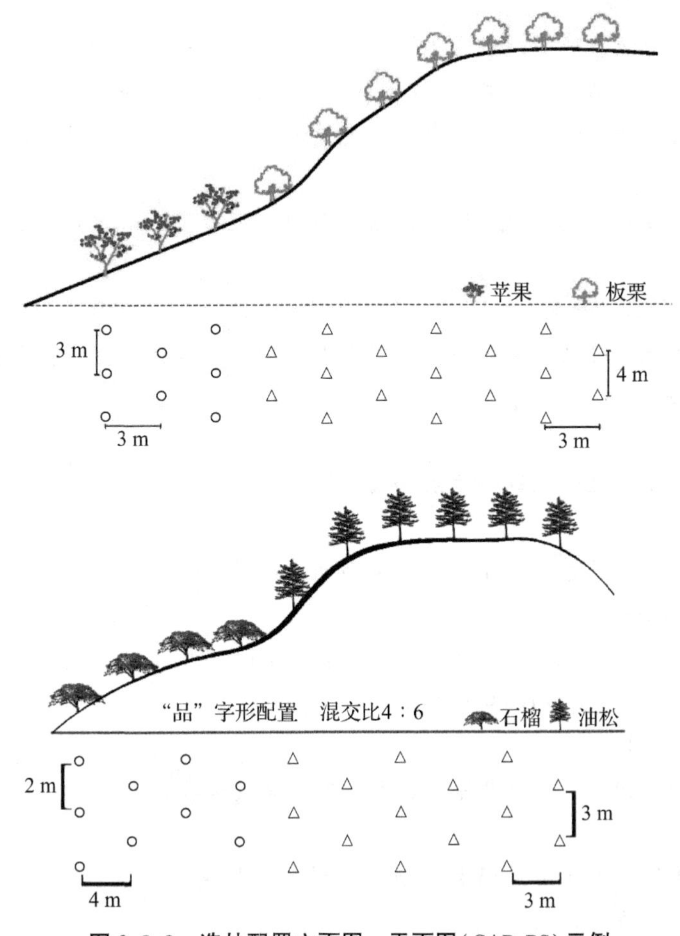

图 3.8.3　造林配置立面图、平面图(CAD PS)示例

行。根据这些图件，对宏观了解造林地区的林业自然资源，实施科学造林具有重要作用。

11. 作业设计说明书的编制

造林调查规划设计说明书由题目、前言、造林设计原则、自然及社会经济概况、造林设计、年度作业、结语等部分组成。各部分基本要求如下：

(1)题目

××造林调查规划设计说明书。一般以造林区域地名加“造林调查规划设计说明书”即可。

(2)前言

在此说明任务来源(资金来源)、造林目的(林种)及意义、地理位置、林班、小班、面积、四至界限及完成造林任务期限；该设计工作所依据的规程、标准、文件等；经营权所有人、承包人；作业单位的名称、法人、资质证书等；设计单位的名称、法人、资质证书等。

(3)造林作业区现状

①立地条件：海拔、地形地貌、土壤、母岩、小气候等及其对造林的影响。

②植被现状：群落名称，主要植物(优势种与建群种)种类及其多度、盖度、高度、分布状况、对造林整地的影响等，如为农田要说明近期耕作制度、作物种类、收成、退耕的理由。

③社会经济：分别表述行政区域、范围、面积、人口、土地利用、交通、劳力、农业产品构成等。

(4)指导思想和设计原则

主要是生态优先、绿色发展的指导思想和因地制宜、适地适树、良种良法和生物多样性保护的设计原则。

(5)小班区划

造林作业区的小班区划原则、方法和结果。

(6)立地类型划分

表述划分立地类型的主导因子，立地类型划分结果等。

(7)造林(种草)设计

包括林种、树种(草种)、种苗规格、结构配置(树种及混交方式、造林密度、林带宽度或行数)、整地方法、整地规格、造林季节、造林方法等。

(8)幼林抚育设计

包括采取的幼抚措施，抚育年限、次数、时间与具体要求等。

(9)辅助工程设计

林道、灌溉渠等辅助工程的结构、规格、材料、数量与位置；防护林带沙障的数量、形状、规格、走向、设置方法。

(10)进度安排

根据造林任务，合理安排整地、造林的年度、季节。

(11)工程量统计

各树种、草种种苗量，整地穴的数量，肥料、农药等物资数量，辅助工程的数量等。

(12)投资概算

基于工程量、用工量的投资概算。分别按造林种草和辅助工程计算所需用工量，按造林季节长短折算劳力。分苗木、物资、劳力和其他四大类计算。

四、作业与考核

(一)考核方式

考核方式包括过程考核和结果考核两部分，其中，过程考核占30%，结果考核占70%。

(二)考核成果

①相关图件：土地利用现状图、造林规划设计图、林班小班区划图等。

②相关表格：造林作业区现状表、立地类型区划表、投资概算表等。

③造林规划设计说明书。

(三)成绩评定

根据学生的外业调查态度、调查方案制订能力、实习纪律等评定其实习过程成绩；根据图件制作质量、造林作业设计模式的实用性、新颖性等来评定其实习结果成绩。通过综合评分分为优秀(85~100)、良好(70~84)、合格(60~69)、不合格(<60)四个级别。

第四篇　森林经营

实习一　森林资源现状调查

一、目的与意义

森林资源包括森林、林木、林地以及依托森林、林木、林地生存的野生动物、植物、微生物。在科学管理及合理经营条件下，可以不断地向人类提供大量物质产品、非物质产品及发挥多种生态功能。

根据森林资源提供的产品或服务的类型，人们往往将森林资源分成森林物质资源和非物质资源。其中，物质资源又分为森林生物资源(包括植物资源、林副产品、地被物、森林动物、森林微生物等)和森林土地资源(包括有林地、疏林地、无立木林地、宜林地等)。森林非物质资源分为森林景观资源、森林环境资源等。

通过实习，要求学生掌握森林资源调查的理论和方法，能根据现实林分的具体情况进行森林资源调查，得出具体的数据和结果，为正确、充分、自如地利用森林资源提供理论基础。

二、材料与工具

(一)材料

选择不同立地条件的典型林分。

(二)工具

胸径尺、测高器、生长锥、测绳、皮尺、罗盘仪、记录夹、数据记录表、铅笔、计算器、彩色粉笔、三角板等。

三、内容与方法

(一)外业调查

分别选择不同立地条件的典型林分，在选定的林分中设置调查样地。

①调查样地的群落类型、小地形、周围环境等，填写调查样地总记录表(表4.1.1)。

②对样地内的林木、灌木、草本进行调查，分别记录植物特征，填写乔木样方调查记录表(表4.1.2)、灌木样方调查记录表(表4.1.3)、草本样方调查记录表(表4.1.4)。

③记录调查样地内植物的利用现状，主要通过对利用企业、收购者、采集者等的访问调查获得，记入森林植物资源利用现状调查表(表4.1.5)。

④森林景观资源调查：包括地文资源、水文景观、生物景观、人文景观、天象景观等。

地文资源：包括典型地质构造、标准地层剖面、生物化石点、自然灾害遗迹、名山、火山熔岩景观、蚀余景观、奇特与象形山石、沙(砾石)地、沙(砾石)滩、岛屿、洞穴及其他地文景观等。

水文景观：包括风景河段、漂流河段、湖泊、瀑布、泉、冰川及其他水文景观。

生物景观：包括各种自然或人工栽植的森林、草原、草甸、古树名木、奇花异草等植物景观；野生或人工培育的动物及其他生物资源及景观。

人文景观：包括历史古迹、古今建筑、社会风情、地方产品及其他人文景观。

天象景观：包括雪景、雨景、云海、夕阳、佛光、极光、雾凇及其他天象景观。

表 4.1.1　样地总记录表

样地编号：	地理坐标：	所在行政区：
调查者：	调查时间：	海拔高度：
群落类型：	主要层优势种：	坡向坡度：
外貌特点：		
群落动态：		
小地形及样地周围环境：		
土壤及地被层特点：		
典型生态现象：		
人为活动影响：		
备注：		

表 4.1.2　乔木样方调查记录表

样方编号：　　样方面积：　　总盖度：　　群落名称：

序号	植物名称	物候期	生活力	树高/m	胸径/cm	密度/株	冠幅/cm	利用部位

表 4.1.3　灌木样方调查记录表

样方编号：　　样方面积：　　总盖度：　　群落名称：

序号	植物名称	物候期	生活力	高度/cm		盖度/%	冠幅/cm	密度/株	利用部位
				营养枝	生殖枝				

表 4.1.4 草本样方调查记录表

样方编号： 样方面积： 总盖度： 群落名称：

序号	植物名称	物候期	生活力	高度/cm		盖度/%	冠幅/cm	生物量/g	利用部位
				营养茎	生殖茎				

表 4.1.5 森林植物资源利用现状调查表

序号	植物名称	用途	利用方法	产品性质	销售去向	市场价格	栽培情况	收购量	需求量	生产企业	保护情况

(二)内业分析

根据样地森林资源调查结果对森林资源做出评价。

将调查结果统计归档，并为正确、充分、合理地利用森林资源提出建设性指导意见。

四、作业与考核

(一)考核方式

考核方式包括过程考核和结果考核两部分。其中，过程考核占 30%，结果考核占 70%。

(二)考核成果

以小组为单位，提交一份森林资源调查统计结果；面对面汇报森林资源调查过程；根据森林资源调查统计结果，提出合理的利用建议。

(三)成绩评定

根据学生的外业调查态度、森林资源调查过程掌握程度、实习纪律等评定其实习过程成绩；根据考核成果来评定其实习结果成绩。通过综合评分分为优秀(85~100)、良好(70~84)、合格(60~69)、不合格(<60)四个级别。

实习二 林木分级

一、目的与意义

林木是森林培育的主要对象，林木在生长发育过程中，由于本身的遗传性和其所处环境的不同，导致各林木间差异很大。在森林里林木间的这种差异，称为林木的分化。它是森林培育过程中的普遍自然现象。根据林木的分化程度对林木进行分级，能为森林的经营管理提供依据。

通过实习，要求学生掌握林木分级的理论和方法，能根据现实林分林木分化的具体情况进行林木分级，并能根据具体的林木分级结果制订合理的抚育采伐方案。

二、材料与工具

(一)材料

选择林木个体发生分化的典型林分，最好是包括同龄的针叶树纯林和阔叶树纯林。

(二)工具

胸径尺、测高器、测绳、皮尺、罗盘仪、记录夹、数据记录表、铅笔、计算器、彩色粉笔、三角板等。

三、内容与方法

(一)外业调查

分别选择同龄的针叶树纯林和阔叶树纯林，在选定的林分中设置调查样地。

对样地内的林木进行每木检尺，分别记录每株林木的树高和胸径，填写林木分级调查表(表4.2.1)。

记录调查样地内每株林木的冠层和树干状况与生长情况，按照克拉夫特林木生长分级法对所调查的林木进行初步分级，共分为5级。树木生长情况包括树高和胸径的大小等；树木冠层状况包括树冠生长是否良好、树冠形状、树冠是否被压等；树干情况包括干形弯曲状况、圆满度等；生长状况包括是否为濒死木、枯立木或被压木等。

(二)内业分析

根据样地林木分级调查结果以及各级林木的分级标准对全部林木进行分级。

分别统计各级林木胸径和树高的平均值及离散度，填写各级林木生长状况表(表4.2.2)。

分别统计各级林木和各级林木下不同状况林木的株数和比例，填写林木分级表(表4.2.3)。

表 4.2.1　林木分级调查表

地点：　林型：　林龄：　时间：　记录者：

树　号	胸径/cm	树高/m	冠层状况	树干状况	生长状况	林木级别
1			被压	弯曲	濒死	
2			良好	断梢	枯立	
3			扁平	圆满	良好	
4					被压	
…						

注：表中数据为虚拟数据。

表 4.2.2　林木生长状况表

林木级别	平均胸径/cm	胸径离散度	平均树高/m	树高离散度
Ⅰ				
Ⅱ				
Ⅲ				
Ⅳ				
Ⅴ				

表 4.2.3　林木分级表

林木级别		Ⅰ	Ⅱ	Ⅲ	Ⅳ	Ⅴ	合　计	备　注
良　好								
树冠缺陷	发育过强							
	发育过弱							
	被压							
树干缺陷	弯曲							
	断梢							
	细长							
生长缺陷	濒死							
	枯立							
	被压							
缺陷木合计								
合　计								
各级林木所占比例/%								
缺陷木占该级别的比例/%								
缺陷木占总体比例/%								

四、作业与考核

(一)考核方式

考核方式包括过程考核和结果考核两部分。其中，过程考核占30%，结果考核占70%。

(二)考核成果

以小组为单位，提交一份林木分级调查表、林木生长状况表和林木分级表；面对面汇报林木分级过程。

根据林木分级表，分析Ⅳ级和Ⅴ级林木所占比例，确定林分是否需要进行抚育间伐(Ⅳ级和Ⅴ级林木所占比例大于30%时需进行抚育间伐)。

根据林木分级表，分析林分的整体状况，并对缺陷木产生的主要原因进行分析，结合林木的生长状况，提出合理的经营措施建议。

(三)成绩评定

根据学生的外业调查态度、林木分级过程掌握程度、实习纪律等评定其实习过程成绩；根据考核成果来评定其实习结果成绩。通过综合评分分为优秀(85~100)、良好(70~84)、合格(60~69)、不合格(<60)四个级别。

实习三　采伐木选择

一、目的与意义

抚育间伐是调整林分结构、提高林分生产力和质量、加快后续资源培育的重要手段，是森林经营的一项重要措施。中、幼龄林的抚育，对巩固造林绿化成果、提高森林质量和林地生产力等都具有重要意义。

通过实习，要求学生掌握确定抚育间伐强度的理论和方法，能根据现实林分林木分化的具体情况进行采伐木的选择，并制订合理的抚育间伐方案。

二、材料与工具

(一)材料

选择林木个体发生分化的典型林分(幼龄林或中龄林)，最好是包括同龄的针叶树纯林和阔叶树纯林。

(二)工具

标杆、胸径尺、测高器、测绳、经纬仪、生长锥、角规、游标卡尺、林分多功能测定仪、皮尺、罗盘仪、记录夹、数据记录表、铅笔、计算器、彩色粉笔、三角板等。

三、内容与方法

(一)外业调查

分别选择同龄的针叶树纯林和阔叶树纯林的代表性林分，在选定的林分中设置调查样地，大小为20 m×20 m，也可根据实际情况设置圆形样地。

对样地内的林木进行每木检尺，调查方法同本篇“实习二　林木分级”。填写林木分级调查表(表4.3.1)。

(二)内业分析

根据样地林木分级调查结果以及各级林木的分级标准对全部林木进行分级。

(1)根据林木分级确定采伐木

根据树种特性、龄级和利用的特点，预先确定某种抚育采伐的种类和方法，再按照林木分级确定应该砍去什么样的林木。

(2)根据林分郁闭度和疏密度，结合林木分级确定采伐木

当林分郁闭度或疏密度达到0.9左右时，应该间伐，一般强度控制在保留郁闭度0.6和疏密度0.7以上。

表 4.3.1　林木分级调查表

地点：　　林型：　　林龄：　　时间：　　树种：　　记录者：

<table>
<tr><th>树号</th><th>胸径/cm</th><th>树高/m</th><th>冠幅/cm</th><th>冠层状况</th><th>树干状况</th><th>生长状况</th><th>林木级别</th><th>调查结论</th></tr>
<tr><td>1</td><td></td><td></td><td></td><td>被压</td><td>弯曲</td><td>濒死</td><td></td><td rowspan="6">一、林分现状
1. 郁闭度：
2. 每公顷株数/株：
3. 每公顷蓄积量/m^3：
二、采伐强度
1. 按株数/%：
2. 按蓄积量/%：
三、保留
1. 平均胸径/cm：
2. 郁闭度：
3. 每公顷株数/株：
4. 每公顷蓄积量/m^3：</td></tr>
<tr><td>2</td><td></td><td></td><td></td><td>良好</td><td>断梢</td><td>枯立</td><td></td></tr>
<tr><td>3</td><td></td><td></td><td></td><td>扁平</td><td>圆满</td><td>良好</td><td></td></tr>
<tr><td>4</td><td></td><td></td><td></td><td></td><td></td><td>被压</td><td></td></tr>
<tr><td>…</td><td></td><td></td><td></td><td></td><td></td><td></td><td></td></tr>
<tr><td>平均值</td><td></td><td></td><td></td><td></td><td></td><td></td><td></td></tr>
</table>

计算：　　检查：　　年　月　日

注：表中数据为虚拟数据。

四、作业与考核

(一)考核方式

考核方式包括过程考核和结果考核两部分。其中，过程考核占 30%，结果考核占 70%。

(二)考核成果

以小组为单位，提交一份林木分级调查表；汇报采伐木选择过程。

根据林木分级调查表，分析林分的整体状况，选择采伐木；结合林木的生长状况，提出合理的经营措施建议。

(三)成绩评定

根据学生的外业调查态度、采伐木选择过程掌握程度、实习纪律等评定其实习过程成绩；根据考核成果来评定其实习结果成绩。通过综合评分分为优秀(85~100)、良好(70~84)、合格(60~69)、不合格(<60)四个级别。

实习四　森林更新调查

一、目的与意义

天然或人工林经过采伐、火烧或其他自然灾害消失后，在迹地上以自然力或人为方法重新恢复森林的过程，称为森林更新。森林更新包括天然更新、人工促进天然更新及人工更新等方式。

森林更新调查是在成熟林分内以及采伐迹地上，通过调查更新的幼苗幼树的种类、数量、苗龄、分布状况、生长速率、生活强度等，研究各种更新方式的适宜条件、生态特征以及自然演替规律，为正确制定采伐方式、更新方式及其他营林措施提供理论依据。

通过实习，要求学生分析不同采伐迹地及不同立地条件对森林更新的影响，并理解不同树种的更新特点。

二、材料与工具

(一)材料

经过采伐、火烧或其他自然灾害破坏后的更新迹地。

(二)工具

标杆、胸径尺、测高器、测绳、经纬仪、生长锥、角规、游标卡尺、皮尺、罗盘仪、记录夹、数据记录表、铅笔、计算器等。

三、内容与方法

(一)外业调查

1. 成熟林林冠下的更新调查

每种不同的森林类型设置标准地数量不少于3块，标准地内林木、下木、活地被物的种类及其分布基本一致，森林结构和林层分布基本一致，立地条件基本一致。样地尽可能设置在同一森林类型的中间部分，标准地面积不小于0.1 hm^2。

2. 采伐迹地的更新调查

(1)择伐和渐伐迹地的更新调查

调查并记载采伐年份、季节及采伐强度，采伐、集材与林地清理的方法等。分森林类型，根据不同采伐强度设置样地，森林类型和采伐强度的鉴定可由相邻的成熟林和迹地伐根加以确定。要了解或对比采伐前林分郁闭状态，下木与活地被物变化情况及其对更新的影响等，并详细记录。

(2)皆伐迹地的更新调查

了解伐前林分状况(根据林墙或伐根确定)、皆伐年月、集材方法、林地清理方法、伐区长度、伐区宽度、保留母树情况、水土流失情况等，调查灌木层、草本层和土壤。

调查应着重了解不同类型迹地的特征、不同采伐年限的植被变化、发展趋势及其与更新的关系。调查时每一伐区应选择地形基本一致的地段，设置3~4块标准地进行样方调查，或者对角线上均匀设置样方，样方数量根据伐区大小而定，每个伐区最好设置20~50个样地。如果伐区上有保留母树，应调查母树周围下种更新情况。

(3)火烧迹地的更新调查

了解火烧前林分状况、火烧年月、林地清理方法、火烧迹地长度、火烧迹地宽度、林木保留情况、水土流失情况等，调查灌木层、草本层和土壤。调查应着重了解火烧迹地的特征、不同火烧年限的植被变化、发展趋势及其与更新的关系。

3. 调查方法

在选定的标准地上，采用机械抽样方法，等距离地用测绳拉出若干调查线，在调查线上均匀设置样方。

4. 记载方法

进行更新幼苗、幼树的频率调查时，不管更新幼苗、幼树在每个样方内出现的个体多少，只要出现即在相应的小样方记录，或将出现的样方记为“1”，不出现的记为“0”。在样方调查的同时，应了解调查地段的一般情况和四周环境并作记载。记载项目包括调查地点、地形地势、林地植被以及各种幼树分布状况、平均年龄、平均苗高、生活力(分为强、中、弱等)。如果在林冠下调查，则应记载林分特征，可目测林分组成、郁闭度、林龄、平均高、平均胸径、每公顷蓄积量等(表4.4.1、表4.4.2)，每个调查地段都应进行土壤调查。

表4.4.1 更新等级评定指标 m

等 级	主要树种幼树高1.5 m以下	主要树种幼树高1.5 m以上
良 好	>3.5	>3
合 格	2.5~3.5	1.5~3
差	<2.5	<1.5

注：1. 凡胸高直径6 cm以下的乔木均为幼树。
2. 评定主要树种更新等级时，如果次要树种超过主要树种1/2，更新等级应降一级。

表4.4.2 更新等级评定指标 m

等 级	1~5年的采伐迹地或火烧迹地	6~10年的采伐迹地或火烧迹地	11~15年的采伐迹地或火烧迹地
良 好	>10	>5	>3
中 等	5~10	3~5	1~3
不 良	3~5	1~3	0.5~1
没有更新	<3	<1	<0.5

注：1. 幼树分布团状或者1/2以上的面积没有更新时，应降一级。
2. 如果是萌芽更新，计数时要以伐根为单位。
3. 幼苗(1年生)的数量，应按1/2计算。

(二)内业分析

每个调查地段要计算出天然更新幼树的组成百分比、更新频度(取小数点后2位)、相对频度、每公顷更新株数，并作出更新评定。

1. 更新组成

更新组成(%)=某树种有效更新株数/有效更新总株数×100

2. 更新频度和相对频度

频度是指一个种在一定面积内的样方中出现的机会，用以说明一个种在群落中分布均匀程度。频度越高，说明分布越均匀。

更新频度(%)=某种幼苗、幼树出现的样方数/全部样方数×100

相对频度(%)=一个种的频度/所有种的频度×100

3. 每公顷幼苗幼树更新株数

$$N=\frac{n}{P}\times 10\,000$$

式中 N——每公顷幼苗幼树更新株数；

n——全部样方内的幼苗幼树数；

P——全部样方的面积(m^2)。

4. 按调查地段作出更新评定

根据每个调查地段天然更新幼树的组成百分比、更新频度、相对频度等指标作出“更新合格”等更新评定。

5. 郁闭度

择伐或渐伐迹地调查，则应调查林分的郁闭度。

郁闭度=树冠所截的样线长度的总和/样线总长

或　　郁闭度=(样线总长-林冠空隙总长)/样线总长　(样线法)

或　　郁闭度=林冠垂直投影面积/样地面积　(绘制树冠投影图法)

6. 调查资料的整理

将收集到的大量外业调查资料加以整理和分析，通过对更新调查资料的系统整理与分析，对主要树种的更新情况作出结论或判断，并提出适宜的更新树种、林种配置以及合理的营林措施。

四、作业与考核

(一)考核方式

考核方式包括过程考核和结果考核两部分。其中，过程考核占30%，结果考核占70%。

(二)考核成果

以小组为单元，提交一份森林更新调查报告。根据森林更新调查数据分析林分更新现状，分析立地条件、采伐剩余物、林分状况等对更新的影响，分析树种特性与更新的关系，提出合理的经营措施建议。

汇报森林更新调查过程。

(三)成绩评定

根据学生的外业调查态度、森林更新过程掌握程度、实习纪律等评定其实习过程成绩；根据考核成果来评定其实习结果成绩。通过综合评分分为优秀(85~100)、良好(70~84)、合格(60~69)、不合格(<60)四个级别。

实习五　近自然林经营林分的划分与林木分类

一、目的与意义

早在1898年德国林学家盖耶尔(Karl Gayer)提出了“近自然林业”或“近天然林经营”。所谓近天然林经营是指充分利用森林生态系统内部的自然生长发育规律，不断优化森林经营过程，从而使生态与经济的需求能最佳结合，森林能可持续发展的一种真正贴近自然的森林经营模式。实施这一森林经营技术的目标是培育近天然林。其理论首先要求根据当地的原始森林群落组成来选择树种，认为只有乡土树种才能保证建成的森林群落与外部环境达到最为和谐统一，才能有最强的生活力和稳定性。培育过程必须遵循并充分利用森林发生发展的内在规律，培育成的近天然林应是健康、稳定多样的混交林，既具有集约经营的人工林生长迅速的优点，又具有天然林稳定、持续发挥多种效益的性能。

针对人工林经营过程中出现的问题，如何经营好森林已经成为林业生产的核心问题。我国的国情适合近自然森林经营体系，在近自然经营中存在两条途径：一是天然林近自然林经营途径；二是人工林近自然化改造。近自然森林经营理论和技术体系就是将现实林分导入恒续林状态，实现可持续发展。

通过实习，要求学生了解人工林经营的历史、现状及发展趋势，理解近自然森林经营思想体系，掌握近自然森林经营技术作业体系。

二、材料与工具

(一)材料

不同生长发育阶段的林分。

(二)工具

标杆、围尺、测高器、测绳、经纬仪、生长锥、角规、游标卡尺、皮尺、罗盘仪、记录夹、数据记录表、铅笔、彩色油漆或彩绳等。

三、内容与方法

(一)样地设置与林木分类

样地面积一般为50 m×50 m，对样地内所有胸径大于5 cm的林木编号并做每木检尺。调查人员按目标树经营体系中林木分类的原则独立地对样地内每株林木进行分类：目标树、特殊目标树、干扰树及一般林木；对每株林木进行相应标记。

(二)现实林分生长阶段划分及其林分特征

1. 建群阶段(幼林阶段)

林分中的大部分林木高度>5 m，并且胸径<5 cm(这个阶段发生在较老林分的小范围补植区或采伐强度过大的林分中)，林分树冠还没有郁闭，在林分中森林微环境气候还未形成。优势树种主要是一些更新的先锋树种和灌木。

2. 质量形成阶段(主干形成阶段)

林分树冠已郁闭(郁闭度>0.8)，优势木高度>3 m，且平均胸径>5 cm，在林分中林木高度是不同的，优势树种仍是先锋树种。在林冠下，喜光的灌木和草本植物开始死亡，一些耐阴树种在优势木的树冠下开始生长。

3. 竞争选择阶段(森林成熟前的阶段)

林分树冠已郁闭，高度>10 m 且胸径 10~12 cm 的树木占据林冠的主林层，林分中树木高度差异显著，单个的林木或块状分布的林木群更多地出现在主林层，在林分中处于中下层的林木开始生长，有较好材质(好的市场价格)的目标树很明显可以被看到。

4. 恒续林阶段(森林成熟阶段)

在主林层中林木的一般胸径>30 cm，树高的差异变化开始停止，林分拥有许多不同层次，已形成良好的垂直结构。还处于质量形成阶段的林分充满小的林隙，物种多样性良好。在主林层不仅有先锋树种，而且还有许多具有先锋特性的耐阴树种。先锋树种的更新非常有限，仅仅出现在发生自然干扰或收获行为过后的空置地。

(三)现实林分中的林木分类

1. 目标树

目标树是长期保留、完成天然下种更新并达到目标直径后才利用的林木，标记为 Z 类林木。目标树的选择不仅考虑材质，而且也考虑其空间排列和距离远近。目标树能够为当地市场提供有经济价值、有优良材质的林木，它起源于种子更新，有活力且树干通直，至少有 4 m 的无分叉的树干，没有病虫害，树冠及树干形质优良。目标树在人眼的高度用红尼龙绳标记。当这些树的胸高直径达到 40 cm 时，就可售出好的市场价格。

2. 干扰树

干扰树是影响目标树生长的、需要在近期或下一个检查期择伐利用的林木，记为 B。干扰树属于主林层(最高层)的树，且胸径在 10 cm 以上。材质较低(如起源萌生，有大树枝，主干弯曲，主干受到损害)或者属于不能生产高材质树种。生长紧靠目标树，两者树冠接触形成竞争，且比目标树更高或与之等高。当目标树和干扰树生长在同一林冠层并形成竞争时，应将干扰树伐除。换言之，目标树和干扰树都属于森林的大径阶树木。将林地内干扰树用黄尼龙绳标记。

3. 特殊目标树

特殊目标树是为增加混交树种、保持林分结构或生物多样性等目标服务的林木，记为 S，如不同物种的林木，有鸟雀或动物洞穴的林木等。特殊目标树用蓝尼龙绳标记。

4. 一般林木

除上述以外的林木。一般林木不用标记。

四、作业与考核

(一)考核方式

考核方式包括过程考核和结果考核两部分。其中，过程考核占 30%，结果考核占 70%。

(二)考核成果

以小组为单位，提交一份样地原始调查记录，并依据调查结果撰写实习报告。

汇报近自然林经营林分的调查过程。

(三)成绩评定

根据学生的外业调查态度、近自然林经营林分的调查等相关知识掌握程度、实习纪律等评定其实习过程成绩；根据考核成果来评定其实习结果成绩。通过综合评分分为优秀(85~100)、良好(70~84)、合格(60~69)、不合格(<60)四个级别。

实习六　抚育间伐作业设计

一、目的与意义

抚育间伐是森林培育技术中重要的管理措施，是指在未成熟的林分中，为了给保留木创造良好的生长条件，而采伐部分林木的森林培育措施，是按森林经营目标调整林分组成、降低林分密度、改善林木生长条件、促进林木生长、缩短林木培育周期、清除劣质林木、提高林分质量、实现早期利用、提高木材利用率、改善林分卫生状况、增强林分抗性、建立适宜的林分结构、发挥森林多种效能的经营措施。抚育间伐要求在对林分全面调查基础上，依据森林经营目标、树种特性及所处生长阶段、立地条件、社会经济状况等方面情况，确定抚育间伐方式与强度，并从作业量、技术措施、作业设施、投资收益等方面对间伐作业进行设计。因此，抚育间伐作业设计不仅是抚育间伐作业施工的依据，而且是保证森林抚育质量和成效最为重要的管理环节，在森林经营中占重要地位。

抚育间伐作业设计是森林培育学的一个重要学习环节，是综合运用林学基础课、专业基础课及专业课的理论和实践知识，培养与提高独立分析、解决生产实际问题能力的重要步骤。应遵循现场调查原则，坚持生态优先，以提高林分质量为宗旨，在充分考虑森林经营目标基础上，合理确定抚育间伐方式与间伐强度，做到技术上合理、方法上可行、经济上合算，从而作为指导林业生产、安排设备劳力以及下拨经费的依据，避免施工的盲目性。

通过抚育间伐作业设计的编制，可使学生了解森林抚育间伐的一般过程和方法，加深对森林抚育管理措施的理解，学习森林抚育间伐作业设计方法，掌握森林抚育间伐方案编制的方法，应用理论知识指导林业生产管理。

二、材料与工具

（一）文字资料

①规划设计地区的地质、地貌、水文、气象、土壤、植被等方面的资料。

②规划设计地区的社会经济情况，如人口、劳力、工农业生产、各类土地面积、交通、能源、国民经济建设对林业发展的要求等情况。

③当地林业经营的历史与现状，包括林业资源状况、主要林种、造林树种生长情况、林业生产的经验等情况。

④森林经营表等（包括立地指数表、林分生长过程表等）。

（二）工具

罗盘仪、GPS、1∶10 000 地形图、测高器、锄头、砍刀、标杆、土壤刀、标杆、测绳、皮尺、钢尺、胸径尺(围尺)、计算器、记录板、铅笔、削笔刀、坐标纸等。

三、内容与方法

(一)前期准备阶段

1. 明确任务

明确任务要求(培训调查学生，学习有关林业政策、规程、标准等)。成立调查设计小组。

2. 收集资料

主要包括地形图、林相图、森林资源状况、自然条件和社会经济条件、相关林业政策、规程、标准等文字图表资料。

3. 人员组织

按照班级、男女学生人数进行人员配备，组长负责制，一般5~7人为1组。

(二)外业调查阶段

抚育间伐作业设计的调查因子包括权属、林种、林分起源、树种组成、年龄、郁闭度、胸径、树高、林分密度、蓄积量、小班面积、乔木树种萌蘖、目的树种更新的幼苗幼树、立地因子以及灾害情况等。

1. 现有林分调查

以森林资源调查数据为基础，根据集中连片原则确定踏查范围。从宏观角度判断现有林分是否应该进行间伐，初步确定间伐强度。并了解现有林分经营历史、当地社会经济状况和间伐材销路等情况。

在实地踏查基础上，根据森林经营目的、林分起源、树种组成、林龄、郁闭度、抚育方式、立地条件等，确定需要抚育间伐的边界及其作业区。间伐作业小班面积原则上不大于20 hm^2，间伐作业小班面积测量采用1∶10 000地形图调绘与GPS绕测。对每个作业小班应实测1~4个GPS控制点，并绘制到地形图上，至少拍摄一张反映林分现实状况的照片备查。同时进行间伐作业小班的初步区划、间伐方式选择、集运材道路和楞场的确定等。

2. 间伐林分类型划分

间伐林分的生长状况受所处立地条件和经营管理措施等方面的影响存在一定差异，因此，要对拟间伐的林分进行类型划分，可将间伐林分划分为好、中、差3个等级，针对不同的林分类型，制订相应的抚育间伐方案。

3. 标准地调查

在有代表性的林分内设置标准地，标准地面积依据地形而定，一般为20 m×20 m；也可以依据地形实际情况设置圆形标准地。

(1)林分立地条件调查

记录标准地所处的地名、小班号、地理位置，同时调查地形地势，标明地貌类型、坡向、坡位及小地形等。土壤调查包括土壤类型、土层厚度等。地被物调查包括林下灌木和草本种类、分布、盖度、生长情况等(表4.6.1)。

表 4.6.1　中幼龄林抚育小班调查设计表

调查日期：　　　　　　年　　　月　　　日　　　　　　　调查者：

<table>
<tr><td colspan="8">位置：　　乡镇(林场)　　　村(林班)　　　小班号：</td></tr>
<tr><td colspan="8">小班面积/hm²：</td></tr>
<tr><td colspan="8">地貌类型：①山地阳坡；②山地阴坡；③山地脊部；④山地沟谷；⑤丘陵；⑥岗地；⑦阶地；⑧河漫滩；⑨平原；⑩其他</td></tr>
<tr><td colspan="8">海拔/m：　　坡度/°：　　坡向：　　坡位：　　林分因子：　　树种组成：
郁闭度：　　平均年龄：　　平均胸径/cm：　　平均树高/m：　　每公顷株数/株：
每公顷蓄积/m³：　　保留木株数：　　有害木株数：</td></tr>
<tr><td colspan="8">目的树种天然更新情况调查
幼苗、幼树更新频度/(株/hm²)：　　平均年龄：　　生长状况：</td></tr>
<tr><td colspan="8">土壤类型：　　土层厚度/cm：</td></tr>
<tr><td colspan="2">林下植被种类</td><td colspan="2">总盖度/%</td><td colspan="2">高度/m</td><td colspan="2">分布状况</td></tr>
<tr><td colspan="2">主要灌木：</td><td colspan="2"></td><td colspan="2"></td><td colspan="2"></td></tr>
<tr><td colspan="2">主要草本：</td><td colspan="2"></td><td colspan="2"></td><td colspan="2"></td></tr>
<tr><td colspan="8">抚育间伐作业设计：</td></tr>
<tr><td colspan="8">作业总面积/hm²：　　培育树种：　　伐后培育树种株数百分比/%：　　出材量：</td></tr>
<tr><td colspan="4">伐前树种组成：</td><td colspan="4">伐后树种组成：</td></tr>
<tr><td colspan="4">伐前郁闭度：</td><td colspan="4">伐后郁闭度：</td></tr>
<tr><td colspan="4">伐前平均胸径/cm：</td><td colspan="4">伐后平均胸径/cm：</td></tr>
<tr><td colspan="4">伐前平均树高/m：</td><td colspan="4">伐后平均树高/m：</td></tr>
<tr><td colspan="4">伐前每公顷株数/株：</td><td colspan="4">伐后每公顷株数/株：</td></tr>
<tr><td colspan="4">伐前每公顷蓄积量/m³：</td><td colspan="4">伐后每公顷蓄积量/m³：</td></tr>
<tr><td colspan="4">株数间伐强度/%：</td><td colspan="4">蓄积间伐强度/%：</td></tr>
<tr><td colspan="8">抚育投资概算/元：</td></tr>
<tr><td colspan="3">总用工量/个：</td><td colspan="3">总投资金额/元：</td><td colspan="2">每公顷金额/元：</td></tr>
<tr><td colspan="3">人力用工量/个：</td><td>人员工资/[元/(人·日)]：</td><td colspan="2"></td><td></td><td></td></tr>
<tr><td colspan="4">畜力日数/日：　　金额/元：</td><td colspan="4">机械台数/台：　　金额/元：</td></tr>
<tr><td colspan="8">物质材料费/元：</td></tr>
</table>

(2)林分调查

①每木检尺：利用围尺对标准地内所有树木逐株测定胸径，起测径级：幼龄林 4 cm，中龄林 6 cm，近熟林 8 cm；利用测高器测定标准地内所有林木高(临时标准地可按径阶抽测部分树木树高，每个径阶选测 1~3 株，中央径阶可测 3~5 株，以便绘制树高曲线)；利用皮尺测定东西冠幅和南北冠幅；并测定从地面到主干第一个活枝高。

②郁闭度：郁闭度是指林冠投影所占面积与林地总面积之比，是确定抚育间伐起始时间、重复期和间伐强度的参考指标之一。一般采用树冠投影法测定郁闭度。在标准地内先

取有代表性的地段，设 10 m×10 m 的样方，四边用测绳围好并设标桩，每边的测绳分十等分，然后在两对应的边上，每隔 1 m 拉一根测绳，则得 100 块 1 m^2 的方格，在方格内将所有林木分别进行定位，并逐株测量上、下、左、右 4 个方向的冠幅和活枝枝下高。在方格坐标纸上按 1∶50 的比例将样方内的树木位置，按比例定位在方格纸上，用符号△代表该林木的投影位置，再将该林木 4 个方向测得的冠幅按比例定 4 个点，用封闭曲线将 4 个点连接起来，即为该林木的树冠投影。

③林木分级：对标准地内的所有林木按生长分级法分级(按克拉夫特分级法分成五级)。

④健康及干形调查：调查标准地内各林木的健康状况或病虫害程度及干形情况(有无断梢、弯曲等)。

对标准地内林木进行每木检尺，测定立木胸径、冠幅、树高、枝下高，胸径以 2 cm 为单位进行分组，计入每木调查表中(表 4.6.2)。

4. 标准木的选择与伐倒测定

为确定该林分是否需要进行抚育间伐，需测定林分的生长量。林分生长量的测定要选

表 4.6.2 样地每木调查表

乡镇(林场)：　　村(林班)：　　小班：　　样地号：　　样地面积/m^2：

树 种													
径 阶/cm	保留木		有害木		保留木		有害木		保留木		有害木		调查结论
	数量/株	材积/m^3	数量/株	材积/m^3	数量/株	材积/m^3	数量/株	材积/m^3	数量/株	材积/m^3	数量/株	材积/m^3	
6													一、林分现状 1. 树种组成： 2. 林龄/a： 3. 平均树高/m： 4. 平均胸径/cm： 5. 郁闭度： 6. 每公顷株数/株： 7. 每公顷蓄积量/m^3： 二、采伐强度 1. 按株数/%： 2. 按蓄积量/%： 三、保留 1. 树种组成 2. 平均胸径/cm： 3. 郁闭度： 4. 每公顷株数/株： 5. 每公顷蓄积量/m^3：
8													
10													
12													
14													
16													
18													
20													
22													
24													
26													
28													
30													
32													
34													
平均胸径/cm													
平均树高/m													
每公顷蓄积量/m^3													

计算：　　　　检查：　　　　年　月　日

取3~5株标准木作树干解析，可根据标准地平均树高和平均直径选取标准木，也可以采用径阶法选定标准木。

(三)内业设计阶段

内业工作包括不同作业设计图、作业设计表及设计说明书等。

1. 调查资料整理

重点检查和整理小班调查表，特别要注意各调查项目有无错误和遗漏。

2. 标准地各林分因子计算

(1)林龄

天然林中各林木的年龄不超过一个龄级时，划分为同龄林；超过一个龄级时，划分为异龄林。

林木平均年龄的计算：采用断面积加权平均法，计算公式如下：

$$A = \frac{a_1 G_1 + a_2 G_2 + \cdots + a_n G_n}{G_1 + G_2 + \cdots + G_n} = \frac{\sum_{i=1}^{n} a_i G_i}{\sum_{i=1}^{n} G_i}$$

式中　A——年龄；

a_i——第 i 径阶树木年龄；

G_i——第 i 径阶树木的断面积合计；

n——径阶个数。

(2)平均直径

根据每木测定的结果，依2 cm为一径阶，按径阶统计株数，小数点后的数字按四舍五入法处理，统计时按径阶表示株数的记号可用画“正”字法，每一“正”字表示5株，统计好后得各个径阶的株数合计，在“圆面积合计表”(森林调查常用表)中直接查得每个径阶的圆面积，把各个径阶的圆面积合计相加，得标准地总断面积，被标准地总株数除，得平均断面积，依据平均断面积，反查圆面积—直径表，其相应的直径，即标准地平均直径。

$$g = \frac{G_1 + G_2 + \cdots + G_n}{N} = \frac{\sum_{i=1}^{n} G_i}{N}$$

式中　g——平均断面积；

G_i——第 i 径阶断面积合计；

n——径阶的个数；

N——林木总株数。

根据平均断面积求得或查出平均直径。

(3)平均树高

按径阶求出每个径阶内树高平均值，在方格坐标纸上以横轴表示直径，纵轴表示树高，把各个径阶树高平均值点上，绘制一条匀滑曲线，根据已求出的林分平均直径，在曲线上读出相应树高，即标准地林分平均高。

(4)郁闭度

将方格纸上绘测样方林冠投影图取出，先计算林冠投影所占方格面积与样方在方格纸上所应占有的方格面积之比，即为标准地总郁闭度。再从方格纸上计算林冠重叠部分面积，与样方林冠投影总面积之比，即得树冠重叠度。

(5)树冠长度

林木全高与活枝下高之差即为树冠长度。

(6)材积

根据树木平均高和总断面积，按实验形数方式，算出标准地蓄积量。

$$M=G(H+3)F_2$$

式中 M——标准地蓄积量；

G——总断面积；

H——树木平均高；

F_2——参见主要乔木树种实验形数表。

(7)疏密度

疏密度是通过现实林分的单位面积蓄积量(或断面积)与模式林分每公顷蓄积量(或断面积)相比求得。

3. 间伐强度设计

可用定性法(林木分级)或定量法(胸高直径、树冠系数、冠幅大小)确定。

(1)根据林木分级

根据树种特性、龄级和利用的观点，预先确定某种抚育采伐的种类和方法，再按照林木分级确定应该砍去什么样的林木。

(2)根据林分郁闭度和疏密度

当林分郁闭度或疏密度达到0.9左右时，应该间伐，一般强度控制在保留郁闭度0.6和疏密度0.7以上。

(3)依据胸高直径(乌道特方法)

由林木胸径计算林分适宜密度 $N_{适}$(株/hm^2)，由现实林分密度 $N_{现}$ 与 $N_{适}$ 求间伐强度 ΔN。

$$N_{适}=\frac{10\ 000}{0.164d^{3/2}}$$

$$\Delta N=N_{适}-N_{现}$$

(4)依据树冠系数

由标准地资料计算树冠系数：树冠系数 $=H/D$，再由树冠系数计算林分适宜密度 $N_{适}$(株/hm^2)，由现实林分密度 $N_{现}$ 与 $N_{适}$ 求间伐强度 ΔN。

$$N_{适}=\frac{10\ 000}{(h/5)^2}$$

$$\Delta N=N_{适}-N_{现}$$

(5)依据冠幅大小

依据标准地资料，计算林分的平均树冠与树冠面积大小，进而计算林分适宜密度 $N_{适}$(株/hm^2)，由现实林分密度 $N_{现}$ 与 $N_{适}$ 求间伐强度 ΔN。

$$CW=\frac{\sum_{i=1}^{n}CW_i}{n}$$

$$S=\frac{\pi\cdot CW^2}{4}$$

$$N_{适}=\frac{10\ 000}{S}$$

$$\Delta N=N_{适}-N_{现}$$

式中　CW——平均树冠；

S——树冠面积；

ΔN——间伐强度。

ΔN 可为正值，也可为负值。ΔN 为正值时，即为砍伐每公顷株数；ΔN 为负值时，即为补植每公顷株数。

4. 间伐方式设计与间伐强度论证

(1)采伐木确定原则

淘汰低价值的树种；砍去品质低劣和生长落后的林木；伐除对森林环境卫生有碍的林木；维护森林生态系统的平衡；满足特种林分的经营需求。

(2)间伐强度

根据造林目的、立地条件、树种特性、生长阶段、林分特性、集约经营程度、轮伐期、劳力及其价格、小径材销路及其价格、交通等因素，综合确定间伐方式与间伐强度。可用采伐木的株数或材积表示间伐强度。

按株数计算采伐强度：

$$采伐强度(\%)=\frac{采伐木株数}{标准地总株数}\times100，即\ P_n(\%)=\frac{n}{N}\times100；$$

按材积计算采伐强度：

$$采伐强度(\%)=\frac{采伐木材积}{标准地总蓄积量}\times100，即\ P_n(\%)=\frac{v}{V}\times100。$$

5. 间伐抚育作业施工设计

施工工序包括伐木、打枝、造材、检尺、集材、间伐迹地清理等工作。间伐时，应严格掌握倒树方向，不要损伤保留木，一般在山地倒树方向是朝下坡。造材时，应根据本地区常用材种规格进行合理造材。按不同材种规格要求，进行造材并检尺小头直径，记入采伐木造材表(表 4.6.3)，将造材全部收集到运材道旁。枝材、梢头材可作薪材用，一般以质量计，经称重后，移出林地利用。在施工过程中应分别按工序测定施工的定额和总用工量，以便核算收益。

表 4.6.3　采伐木造材表

距树干底断面的高度/m	直径/cm			最近( )年内直径生长/cm	材积/m^3			材种名称	长度/m	小头直径/cm		大头直径/cm		占带皮树干材积百分比/%	
	带皮	去皮	( )年前		带皮	去皮	( )年前			带皮	去皮	带皮	去皮	带皮	去皮
根径															
伐根															
胸径															
								用材部分合计							
								用材部分树皮材积							
								薪材部分合计							
								梢头木							
								总　计							
总计								材种缺陷的简要记载(绘图说明)							

调查员：　　　　　　　　　　　　　　　　　　　　测定日期：　　　年　月　日

6. 标准地调查资料的汇总

按标准地调查汇总表(表 4.6.4)逐项计算填写。

表 4.6.4　标准地调查资料汇总

标准地号	组成树种(株数/株、蓄积量/m^3)						平均年龄/a	平均胸径/cm	平均树高/m	郁闭度	采伐强度/%		出材率/%
											株数占比	蓄积量占比	
总　计													
平　均													

调查员：　　　　　　　　　　计算员：　　　　　　　　　　年　月　日

7. 抚育措施设计

(1)生长抚育

一般在中龄林中进行，加速目的树种生长。根据林分特点，可选用下列抚育方法。

①下层抚育：适合单层林。按自然稀疏规律，伐除生长不良的被压木、濒死木和病腐木，保留有利于目的树种更新的小乔木。

②上层抚育：适合复林层。伐除影响目的树种生长的上层次要树种、被压木、濒死木，保留有利于目的树种生长的大部分中径级次要树种。

③综合抚育：适合择伐后形成的复层林。调整林木的组成，间密留均，留优去劣，促

进各层林木的生长。

④机械抚育：适合林木分化不明显的人工林。根据林分情况，采取隔行或隔株间伐的方法调整林木的营养面积。

(2)林木修枝

在自然整枝不良的林分中进行。通过砍去林冠下部的枯枝和濒死枝，培育通直的优质木材。幼龄林保持枝下高占树高的1/3，中龄林保持枝下高占树高的1/2。修枝切口要平滑，不能留短枝和损伤树皮。

8. 集材作业设计

(1)集运材线路的选择

充分利用作业区原有的林区公路干线、支线，力求线路少、集运距离短、经济实用。

(2)楞场的选择

根据木材产量和运输条件，确定山场集材点和中间集材点。楞场设在地势平坦、排水良好、与集运材道路相衔接；面积大小与作业区出材量相适应，出材量不大可不需设置专门的楞场，尽量考虑缩短集材距离，避免逆坡集材。

(3)工棚房屋的修筑

作业区内或附近有房屋时，尽量加以利用，如需修建应注意将工棚、房屋设置在交通方便、靠近水源、干燥通风、生产生活方便的地段。

9. 作业设计图的绘制

根据作业设计调查记录、草图和林分调查因子绘制作业区平面图，是实施作业的主要材料之一，比例尺一般为1：5000或1：10 000，图例要清晰明确，图内应包括各种测线、明显的地标物、山脉河流、道路、主要集运材道路、工棚、山楞及标准地位置等。各小班的标记图式为：

$$\frac{\text{小班号、面积、出材量}}{\text{树种、林龄、蓄积量}}$$

10. 投资概算

按照运费、劳力、物资和其他四大类分别计算，运输成本根据实际情况，依据当地市场平均价测算，其他物资和劳力均依据当地市场平均价计算。

(1)运费计算

按出材量、采伐量、运杂费等，计算抚育间伐时的运费。

(2)劳力统计

按抚育间伐作业区面积、前期调查、抚育间伐、集运材、归楞、工棚房屋的修筑等，统计采伐、管理、运输等作业所需的用工量和车辆等数量。

(3)物资用量设计

按前期调查、抚育间伐、集运材、归楞、工棚房屋的修筑等，统计各个环节所需物资用量。

(4)施工进度设计

按抚育间伐强度、抚育间伐时间、劳力、组织状况等做出施工进度安排。

11. 编制作业设计表

根据外业调查和收集的有关资料，进行整理、计算、分析、设计。

①计算作业面积、出材量：按区划作业小班计算面积，确定抚育方法和间伐木选择的

原则，把间伐强度和出材等填入表内(表 4.6.5)，同时根据生产条件和劳力来源情况，确定适宜的作业时间，并编制作业进度表，以便指导生产。

②编制各项作业设施的数量、用工量和造价(表 4.6.6)。

③编制工具及作业物资需要量(表 4.6.7)。

④计算劳力需要量(表 4.6.8)。

⑤计算各项作业费用和收支预算(表 4.6.9)。

表 4.6.5 抚育间伐作业区一览表

小班号	小班面积/hm^2	伐前林分情况							间伐情况			间伐后			
		林龄(年)	林木组成	株数	平均胸径/cm	平均高/m	郁闭度	蓄积量/m^3	间伐方法	间伐株数	间伐蓄积/m^3	出材量/m^3	株数	蓄积量/m^3	郁闭度

表 4.6.6 作业施工一览表

项 目	位置或起止点	新 修	补 修	规 格	数 量	控制量		用工量	造 价			完成期限	说 明
						容纳人数	木材量		单价	单位	合计		

表 4.6.7 工具及作业物资需要量

名 称	计算单位	数 量	规 格	金 额		说 明
				单价	合计	

表 4.6.8　劳力需要量

项　目	作业工作量	定　额	需用工具	作业天数	折合劳力	最多参加人数	说　明

表 4.6.9　收支概算表

收　入			支　出								盈亏情况
间伐材	薪　材	合　计	工　资		作业施工费用	物资材料费	管理费	运杂费	作业费合计	成　本	
			基本工资	补助工资							

12. 撰写作业设计说明书

说明书是作业设计的重要文字材料，编写作业设计说明书应简明扼要。

抚育间伐作业设计说明书由题目、前言、抚育间伐作业区基本概况、抚育间伐技术措施设计的依据、抚育间伐技术设计、成本预算及效益分析、结语等部分组成。各部分基本要求如下：

(1)题目

××抚育间伐作业设计说明书。一般以抚育间伐区域地名加“抚育间伐作业设计说明书”即可。

(2)前言

在此说明任务来源(资金来源)、抚育间伐意义、地理位置、林班、小班、面积、四至界限及完成抚育间伐任务期限；该设计工作所依据的规程、标准、文件等；经营权所有人、承包人；作业单位的名称、法人、资质证书等；设计单位的名称、法人、资质证书等。

(3)抚育间伐作业区基本概况

说明抚育间伐林分的情况(立地条件、自然历史条件、林分特征、既往森林经营活动等)、作业区所在地的社会经济条件、劳动力、林业生产、森林资源现状、交通运输条件，分析抚育间伐的必要性与可行性等。

立地条件：海拔、地形地貌、土壤、母岩、小气候等及其对造林的影响；

社会经济：行政区域、范围、面积、人口、土地利用、交通、劳力、农业产品构成

等。(4)指导思想和设计原则

指导思想：以可持续经营理论为指导，以现代林业理论为基础，促进林木生长发育，改善森林质量，提高森林经营水平，扩大森林资源，充分发挥森林的多重效益。

设计原则：坚持“生态优先、促进发育、可持续发展”和“先近后远、先急后缓、集中连片”的原则，坚持实事求是、因地制宜的原则。

(5)标准地调查

标准地调查的方法和结果。

(6)抚育间伐强度设计

表述用定性法(林木分级)或定量法(胸高直径、树冠系数、冠幅大小)确定抚育间伐强度的结果等。

(7)抚育间伐方式设计和间伐强度论证

表述采伐木的选择结果、抚育间伐强度、抚育间伐开始的时间等。

(8)抚育间伐作业施工设计

包括伐木、打枝、造材、检尺、集材、间伐迹地清理等工作的设计。

(9)抚育措施设计

表述选择的抚育间伐的方法及林木修枝的方法、季节、间隔期、强度等。

(10)集材作业设计

表述集运材线路的选择、楞场的选择、工棚房屋的修筑设计等。

(11)进度安排

根据抚育间伐任务，合理安排抚育间伐开始的时期、方法等。

(12)工程量统计

各种间伐、运输等作业所需的劳力、物资等数量，辅助工程的数量等。

(13)投资概算

基于工程量、用工量的投资概算。分苗木、物资、劳力和其他四大类计算。

四、作业与考核

(一)考核方式

考核方式包括过程考核和结果考核两部分。其中，过程考核占30%，结果考核占70%。

(二)考核成果

汇报抚育间伐作业设计过程。

相关表格：中、幼龄林抚育小班调查设计表、样地每木调查表、采伐木造材表、标准地调查资料汇总表、抚育间伐作业区一览表、作业施工一览表、工具及作业物资需要量表、劳力需要量表、收支概算表等。

抚育间伐作业设计说明书。

（三）成绩评定

根据学生的外业调查态度、抚育间伐作业设计制定能力、实习纪律等评定其实习过程成绩；根据表格制作质量、抚育间伐作业设计模式的实用性、新颖性等来评定其实习结果成绩。通过综合评分分为优秀（85～100）、良好（70～84）、合格（60～69）、不合格（<60）四个级别。

参考文献

北京市质量技术监督局，2011. 近自然林经营技术规程：DB11/T 842—2011[S/OL]. 北京：北京市质量技术监督局.

福建省市场监督管理局，2021. 森林抚育技术规程：DB35/T 1964—2021[S/OL]. 福州：福建省市场监督管理局.

郭学望，1992. 看图学嫁接[M]. 天津：天津教育出版社.

国家林业局，2018. 南方集体林区天然次生林近自然森林经营技术规程：LY/T 2957—2018[S]. 北京：中国标准出版社.

国家质量技术监督局，2000. 林木种子检验规程：GB/T 2772—1999[S]. 北京：中国标准出版社.

韩璐，2015. 美国森林资源管理研究与启示[J]. 林业资源管理(5)：172-179.

河北省市场监督管理局，2021. 困难立地条件下造林技术规程：DB/13 5477—2021[S/OL]. 石家庄：河北省市场监督管理局.

河北省市场监督管理局，2022. 半干旱地区容器苗造林技术规程：DB/13 5512—2022[S/OL]. 石家庄：河北省市场监督管理局.

黑龙江省市场监督管理局，2020. 园林绿化大树移栽技术规程：DB23/T 2753—2020[S/OL]. 哈尔滨：黑龙江省市场监督管理局.

李二波，奚福生，颜慕勤，等，2003. 林木工厂化育苗技术[M]. 北京：中国林业出版社.

辽宁省质量技术监督局，2009. 森林经营技术规程：DB21/T 706—2009[S/OL]. 沈阳：辽宁省质量技术监督局.

孙时轩，1992. 造林学[M]. 2 版. 北京：中国林业出版社.

王九龄，1992. 中国北方林业技术大全[M]. 北京：北京科学技术出版社.

叶要妹，2016. 园林树木栽培学实验实习指导书[M]. 北京：中国林业出版社.

俞玖，1988. 园林苗圃学[M]. 北京：中国林业出版社.

翟明普，沈国舫，2016. 森林培育学[M]. 3 版. 北京：中国林业出版社.

詹昭宁，1989. 中国森林立地分类[M]. 北京：中国林业出版社.

张万儒，1997. 中国森林立地[M]. 北京：科学出版社.

张羽，沈海龙，2000. 森林种苗学实验和设计指导书[M]. 哈尔滨：东北林业大学出版社.

赵忠，2015. 林业调查规划设计教程[M]. 北京：中国林业出版社.

中华人民共和国国家标准，2015. 森林抚育规程：GB/T 15781—2015[S]. 北京：中国标准出版社.

中华人民共和国国家质量监督检验检疫总局，中国国家标准化管理委员会，2016. 造林技术规程：GB/T 15776—2016[S]. 北京：中国标准出版社.

West P Philip，2006. Growing plantation forests[M]. Berlin：Springer.

附录　土地利用现状分类和编码
(节选自 GB/T 2010—2017)

一级类		二级类		含　义
编码	名称	编码	名称	
01	耕地			指种植农作物的土地，包括熟地，新开发、复垦、整理地，休闲地(含轮歇地、休耕地)；以种植农作物(含蔬菜)为主，间有零星果树、桑树或其他树木的土地；平均每年能保证收获一季的已垦滩地和海涂。耕地中包括南方宽度<1.0 m，北方宽度<2.0 m固定的沟、渠、路和地坎(埂)；临时种植药材、草皮、花卉、苗木等的耕地，临时种植果树、茶树和林木且耕作层未破坏的耕地，以及其他临时改变用途的耕地
		0101	水田*	指用于种植水稻、莲藕等水生农作物的耕地。包括实行水生、旱生农作物轮种的耕地
		0102	水浇地*	指有水源保证和灌溉设施，在一般年景能正常灌溉，种植旱生农作物(含蔬菜)的耕地。包括种植蔬菜的非工厂化的大棚用地
		0103	旱地*	指无灌溉设施，主要靠天然降水种植旱生农作物的耕地，包括没有灌溉设施，仅靠引洪淤灌的耕地
02	园地*			指种植以采集果、叶、根、茎、枝、汁等为主的集约经营的多年生木本和草本作物，覆盖度大于50%或每亩株数大于合理株数70%的土地。包括用于育苗的土地
		0201	果园*	指种植果树的园地
		0202	茶园*	指种植茶树的园地
		0203	橡胶园*	指种植橡胶树的园地
		0204	其他园地*	指种植桑树、可可、咖啡、油棕、胡椒、药材等其他多年生作物的园地
03	林地			指生长乔木、竹类、灌木的土地，及沿海生长红树林的土地。包括迹地，不包括城镇、村庄范围内的绿化林木用地，铁路、公路征地范围内的林木，以及河流、沟渠的护堤林
		0301	乔木林地*	指乔木郁闭度≥0.2的林地，不包括森林沼泽
		0302	竹林地*	指生长竹类植物，郁闭度≥0.2的林地
		0303	红树林地*	指沿海生长红树植物的林地
		0304	森林沼泽*	以乔木森林植物为优势群落的淡水沼泽
		0305	灌木林地*	指灌木覆盖度≥40%的林地，不包括灌丛沼泽
		0306	灌丛沼泽*	以灌丛植物为优势群落的淡水沼泽
		0307	其他林地*	包括疏林地(指树木郁闭度≥0.1、<0.2的林地)、未成林地、迹地、苗圃等林地
04	草地			指生长草本植物为主的土地
		0401	天然牧草地*	指以天然草本植物为主，用于放牧或割草的草地，包括实施禁牧措施的草地，不包括沼泽草地

（续）

一级类		二级类		含　义
编码	名称	编码	名称	
04	草地	0402	沼泽草地*	指以天然草本植物为主的沼泽化的低地草甸、高寒草甸
		0403	人工牧草地*	指人工种牧草的草地
		0404	其他草地**	指树林郁闭度<0. 1，表层为土质，不用于放牧的草地
05	商服用地			指主要用于商业、服务业的土地
		0501	零售商业用地	以零售功能为主的商铺、商场、超市、市场和加油、加气、充换电站等的用地
		0502	批发市场用地	以批发功能为主的市场用地
		0503	餐饮用地	饭店、餐厅、酒吧等用地
		0504	旅馆用地	宾馆、旅馆、招待所、服务型公寓、度假村等用地
		0505	商务金融用地	指商务服务用地，以及经营性的办公场所用地。包括写字楼、商业性办公场所、金融活动场所和企业厂区外独立的办公场所；信息网络服务、信息技术服务、电子商务服务、广告传媒等用地
		0506	娱乐用地	指剧院、音乐厅、电影院、歌舞厅、网吧、影视城、仿古城以及绿地率小于65%的大型游乐等设施用地
		0507	其他商服用地	指零售商业、批发市场、餐饮、旅馆、商务金融、娱乐用地以外的其他商业、服务业用地。包括洗车场、洗染店、照相馆、理发美容店、洗浴场所、赛马场、高尔夫球场、废旧物资回收站、机动车、电子产品和日用产品维修网点、物流营业网点，居住小区及小区级以下的配套的服务设施等用地
06	工矿仓储用地			指主要用于工业生产、物资存放场所的土地
		0601	工业用地	指工业生产、产品加工制造、机械和设备修理及直接为工业生产等服务的附属设施用地
		0602	采矿用地	指采矿、采石、采砂(沙)场，砖瓦窑等地面生产用地，排土(石)及尾矿堆放地
		0603	盐田	指用于生产盐的土地，包括晒盐场所、盐池及附属设施用地
		0604	仓储用地	指用于物资储备、中转的场所用地，包括物流仓储设施、配送中心、转运中心等
07	住宅用地			指主要用于人们生活居住的房基地及其附属设施的土地
		0701	城镇住宅用地	指城镇用于生活居住的各类房屋用地及其附属设施用地，不含配套的商业服务设施等用地
		0702	农村宅基地	指农村用于生活居住的宅基地
08	公共管理与公共服务用地			指用于机关团体、新闻出版、科教文卫、公用设施等的土地
		0801	机关团体用地	指用于党政机关、社会团体、群众自治组织等的用地
		0802	新闻出版用地	指用于广播电台、电视台、电影厂、报社、杂志社、通讯社、出版社等的用地
		0803	教育用地	指用于各类教育用地，包括高等院校、中等专业学校、中学、小学、幼儿园及其附属设施用地，聋、哑、盲人学校及工读学校用地，以及为学校配建的独立地段的学生生活用地

（续）

一级类		二级类		含　　义
编码	名称	编码	名称	
08	公共管理与公共服务用地	0804	科研用地	指独立的科研、勘察、研发、设计、检验检测、技术推广、环境评估与监测、科普等科研事业单位及其附属设施用地
		0805	医疗卫生用地	指医疗、保健、卫生、防疫、康复和急救设施等用地。包括综合医院、专科医院、社区卫生服务中心等用地；卫生防疫站、专科防治所、检验中心和动物检疫站等用地；对环境有特殊要求的传染病、精神病等专科医院用地；急救中心、血库等用地
		0806	社会福利用地	指为社会提供福利和慈善服务的设施及其附属设施用地。包括福利院、养老院、孤儿院等用地
		0807	文化设施用地	指图书、展览等公共文化活动设施用地。包括公共图书馆、博物馆、档案馆、科技馆、纪念馆、美术馆和展览馆等设施用地；综合文化活动中心、文化馆、青少年宫、儿童活动中心、老年活动中心等设施用地
		0808	体育用地	指体育场馆和体育训练基地等用地，包括室内外体育运动用地，如体育场馆、游泳场馆、各类球场及其附属的业余体校等用地。溜冰场、跳伞场、摩托车场、射击场，以及水上运动的陆域部分等用地，以及为体育运动专设的训练基地用地，不包括学校等机构专用的体育设施用地
		0809	公用设施用地	指用于城乡基础设施的用地。包括供水、排水、污水处理、供电、供热、供气、邮政、电信、消防、环卫、公用设施维修等用地
		0810	公园与绿地	指城镇、村庄范围内的公园、动物园、植物园、街心花园、广场和用于休憩、美化环境及防护的绿化用地